HISTOIRE CIVILE ET RELIGIEUSE DE LA COLOMBE.

HISTOIRE

CIVILE ET RELIGIEUSE

DE LA

COLOMBE

DEPUIS LES TEMPS LES PLUS RECULÉS JUSQU'A NOS JOURS ;

PAR

FÉLIX BOGAERTS,

Secrétaire-perpétuel de l'Académie d'Archéologie de Belgique ; membre effectif de la
Société de littérature flamande d'Anvers ; membre correspondant des Académies royales
et Sociétés des sciences, lettres et arts de Messine, Rouen, Marseille, Zélande, Jéna, Lille,
Hainaut, Liége, Gand, Bois-le-Duc ; de celles des départements du Var et de l'Eure ;
des Sociétés des Antiquaires de Picardie et de la Morinie ; membre honoraire de la
Société historique d'Utrecht, de l'Académie nationale de Peinture de New-York ; des
Académies royales de médecine de Madrid, Cadix, Palma (Majorque), Galice et Asturies ;
de l'Institut royal de Valence, etc.

VIGNETTES PAR WITTKAMP.

ANVERS,

IMPRIMERIE DE J.-E. BUSCHMANN, MARCHÉ AUX BOEUFS.

1847.

A mon ami

FRANÇOIS VAN DEN WYNGAERT,

Félix BOGAERTS.

Anvers, 1846.

CHAPITRE PREMIER.

Un jour, — il y a deux ans de ce jour dont le souvenir m'est à la fois si cher et si pénible encore, — j'étais tranquillement assis dans mon cabinet d'étude, les genoux chargés d'un de ces énormes in-folios que les intrépides savants d'autrefois maniaient avec tant de bonheur, et que nous, dans notre dévorante impatience de connaître tout et vite, n'ouvrons jamais qu'avec effroi et chagrin, — lorsque je vis tout à coup venir se poser sur le châssis de ma fenêtre large ouverte, la plus jolie colombe qu'on se puisse représenter. Ce n'est pas qu'elle se fit remarquer par cet éclat scintillant, par ces mille reflets d'or et d'azur que l'on admire tant chez quelques pigeons ; son plumage, au contraire, était d'une simplicité extrême, mais en même temps d'une élégance charmante. Le fond en était d'un blanc pur et brillant ; une bande bleue bordait chacune des deux ailes : très-peu sensible d'abord, elle s'élargissait peu à peu, sur l'une et l'autre, avec une régularité parfaite. L'extrémité des pennes de la queue, était de la même couleur, ainsi que le léger duvet du sommet de la tête. Rien de plus simple, je le répète ; mais aussi, rien de plus gracieux.

L'oiseau fit trois ou quatre fois le tour du châssis, s'arrêta ensuite un moment en roucoulant, jeta un regard dans ma chambre, et reprit la volée.

Le jour suivant, à la même heure, je me retrouvai dans mon cabinet, ne songeant plus ni à mon ennuyeux in-folio, ni à mon aimable visiteur de la veille. Mais celui-ci ne m'avait point oublié. En effet, à mon grand étonnement, il se montra de nouveau dans ma croisée, piétinant avec vivacité, agitant ses ailes avec force, comme s'il voulait m'exprimer, par cette pantomime animée, tout le plaisir qu'il éprouvait de me revoir. Il parcourut, vingt fois au moins, le châssis dans toute sa longueur, s'aventura même sur le bord intérieur, fixa un œil scrutateur sur tous les meubles, sur tous les objets de l'appartement, et, plein de confiance, il allait s'avancer jusqu'auprès de moi, lorsqu'un mien voisin, un importun mille fois plus insupportable que celui d'Horace, entra brusquement et me cria : bon jour ! d'une voix de Stentor. Inutile de dire que l'oiseau s'envola épouvanté. Pour moi, je ne pus m'empêcher, je l'avoue à regret, de répondre au salut que je venais de recevoir, par un de ces souhaits énergiques, mais très-peu charitables, que les poètes comiques latins mettent parfois dans la bouche de leurs personnages en colère : j'envoyai *in malam partem*, mon malencontreux voisin.

Le lendemain, je pris les précautions nécessaires pour que personne ne vînt me troubler : j'étais impatient de revoir mon charmant oiseau, et de m'en faire un ami. Certain de parvenir à ce résultat, je m'empressai de lui donner un nom, et l'appelai Tom, en mémoire d'un pauvre chardonneret que j'avais possédé pendant trois ans, et que j'avais eu la douleur de voir expirer, de la manière la plus horrible, entre les griffes d'un chat...... Hélas! est-il donc vrai, comme le croit l'auteur de la *Physiologie des passions*, que les noms influent quelquefois sur nos destinées ?

Comme il entre presque toujours, fort souvent du moins, un peu d'intérêt personnel dans nos affections, je crus ne pouvoir mieux captiver celle de Tom qu'en lui offrant un festin somptueux. C'est un moyen si puissant de persuasion qu'un excellent dîner! n'est-ce pas, M. le député ?... Je couvris donc à pleines mains, le châssis de ma fenêtre, de riz, de froment, de milet, de chènevis, et surtout de maïs dont les grains rouges et jaunes brillaient au soleil comme autant de perles de corail et d'or. Avec quel empressement, me disais-je, mon bien-heureux Tom se rendra-t-il désormais à nos rendez-vous, une fois qu'il aura goûté de toutes ces frian-dises aristocratiques! — Mais, je ne tardai pas à m'apercevoir que je faisais injustice aux sentiments généreux de l'oiseau, et que ses visites étaient dégagées de tout motif d'égoïsme et de gourmandise. A l'heure accoutumée, le lendemain, il reparut dans ma croisée, au milieu des riches provisions amas-sées autour de lui, et destinées à produire sur son appétit cette tentation irrésistible qu'éprouva l'illustre compagnon de Don Quichotte à la vue des préparatifs du banquet de noces de l'opulent Gamache. — Qu'on juge de ma surprise, lorsqu'au lieu de s'en régaler à cœur-joie, je vis Tom piétiner avec un dépit visible parmi toutes ces graines et les faire tomber par milliers dans la rue, comme s'il eût voulu, jusqu'à la dernière, en déblayer le châssis. Après ce premier mouvement d'indignation, il s'arrêta un moment, la tête baissée, les ailes immobiles, et sans m'accorder un seul regard, il s'envola avec une brusquerie qui témoignait à l'évidence de sa mauvaise humeur.

Cette conduite de Tom était un reproche manifeste de la mienne : j'avais blessé sa délicatesse, j'avais méconnu son désintéressement, et il tenait à honneur de me faire sentir mes torts. Je ne pouvais m'y tromper : toutefois, après avoir réfléchi à ce que je venais de voir, je cherchai à me persuader qu'il n'y avait eu rien que de très-naturel, de très-simple, dans tous les mouvements de Tom. — Il a fait tomber les graines en marchant avec rapidité ? Qu'y a-t-il là d'extraordinaire ?.... Il n'a pas voulu manger ? Eh bien ! c'est qu'il n'avait pas faim.... Il a brusquement quitté ma fenêtre ? Qu'est-ce que cela prouve ? Il faut si peu de chose pour effrayer un oiseau...

Voilà ce que je me disais, et cependant, malgré ce raisonnement, qui était d'ailleurs d'une logique rigoureuse, je ne parvins pas à détruire dans mon esprit l'interprétation que j'avais donnée d'abord aux procédés de Tom ; procédés trop différents, en effet, de ceux qu'il m'avait témoignés dans notre seconde entrevue, pour ne pas renfermer une intention réelle de sa part.

Ne sachant à laquelle de ces deux hypothèses m'arrêter, je pris la résolution de résoudre cet intéressant problème par de nouvelles expériences ; je laissai donc le précieux appât sur le châssis de ma croisée, curieux de voir comment l'oiseau se conduirait dans la suite. — Le jour suivant, je le vis arriver de loin ; mais au lieu de se diriger vers ma fenêtre, il se mit à voltiger au-dessus des magnifiques acacias en fleurs du jardin de l'Académie, dont les innombrables bouquets, mollement balancés par une légère brise, répandaient jusque dans ma chambre, le parfum le plus suave. — J'observai Tom avec la plus grande attention : son vol était vif et saccadé ; il décrivait des milliers de lignes droites et courbes, les entrelaçant avec une rapidité qui fatiguait les yeux : en un mot, dans chacun de ses mouvements, on reconnaissait, à ne pas s'y méprendre, le caractère des gestes d'un homme en colère. Deux fois il s'échappa du cercle dans lequel il se livrait à ses fatigantes évolutions, et s'approcha tout près de ma croisée, mais sans daigner s'y reposer un seul instant. Au bout d'un quart d'heure je le perdis de vue.

Cette épreuve ne pouvait plus, me semblait-il, laisser le moindre doute, ni sur le mécontentement de Tom, ni sur le motif qui le lui inspirait : il voulait que je le reçusse en ami, et non en parasite affamé. Cependant, déterminé à me convaincre moi-même, sans réplique, que je ne prenais pas une illusion pour une réalité, je voulus continuer mon expérience, et pour mieux obtenir la certitude que l'appât offert à Tom était bien réellement, *l'unique objet de son ressentiment*, je réparai les brèches considérables que les moineaux du quartier, pour qui mon châssis était une vraie terre-promise, y avaient faites depuis trois jours.

Jamais pigeon, j'en suis sûr, n'avait assisté à un festin aussi splendide que celui qui attendait mon susceptible Tom. J'avais peine à croire que cette fois, il résisterait à la séduction. Eh bien ! non seulement il y résista, mais encore, pendant tout le temps qu'il se livra, le lendemain, à ses circonvolutions au-dessus du jardin de l'Académie, il ne dirigea pas une seule fois son vol du côté de mon cabinet.

J'aurais pu me borner à ces épreuves dont les résultats paraissaient positifs, irrécusables : je résolus pourtant de ne pas les cesser encore ; je ne pouvais me décider à reconnaître qu'un pigeon fût capable de tant de générosité. Je fus, enfin, puni de mon obstination. Au bout de trois jours, Tom se fâcha tout de bon, et ne reparut plus. Je l'attendis le lendemain, le surlendemain, pendant dix autres jours encore, mais en vain : il me gardait rancune ; tout était fini désormais entre lui et moi. C'est du moins ce que je crus alors, et dans cette persuasion, j'accordai volontiers à mes faméliques moineaux, la permission d'enlever, jusqu'à la dernière miette, le banquet dont Tom n'avait pas voulu.

Depuis quelque temps déjà, je ne songeais même plus à celui-ci, lorsqu'une après-midi, je le vis, tout à coup, venir s'installer dans ma croisée, et se montrer tel qu'il avait paru lors de sa seconde visite ; s'agitant avec vivacité, mais sans la moindre brusquerie; secouant ses jolies ailes aux deux couleurs nationales grecques, et roucoulant d'un air de satisfaction dont le sceptique le plus endurci aurait été forcé de convenir. Après avoir fait, vingt fois peut-être, le tour du châssis, l'aimable oiseau sauta légèrement dans ma chambre, et se promena autour de mon fauteuil, et des livres éparpillés sur le plancher. Dans la joie que me causait le retour imprévu de mon cher Tom, j'étendis la main pour l'inviter à s'approcher plus près encore de moi; mais, après m'avoir donné un touchant exemple de cet entier désintéressement qui constitue la véritable amitié, il voulut, sans aucun doute, me faire comprendre aussi que la plus grande prudence doit toujours présider aux liaisons que nous désirons former. Au moment où il remarqua le mouvement de mon bras, Tom prit son essor, sans toutefois montrer le moindre déplaisir; la preuve, c'est qu'avant de me quitter, il s'arrêta pendant cinq minutes encore dans ma croisée.

Fidèle désormais au rendez-vous, Tom revint les jours suivants, et chaque jour, je faisais un nouveau progrès dans sa confiance; si bien, qu'au bout d'une semaine, il becquetait dans ma main le riz et le maïs qu'il avait dédaignés autrefois. Oh! la différence était grande aujourd'hui : c'était à la table d'un ami que Tom mangeait maintenant. Aussi, l'intimité la plus franche existait-elle entre nous : de son côté la plus légère méfiance eût été une injure pour moi; il le comprenait parfaitement : de ma part, la plus petite atteinte aux droits de l'hospitalité, eut été une lâcheté indigne. Tom m'en jugeait incapable, et parfaitement rassuré à cet égard, il n'éprouva jamais un seul moment d'inquiétude sur les dangers possibles auxquels il exposait sa liberté.

Ces relations régulières avaient tant de charmes pour moi, que, plus d'une fois, je fis, et sans regret, le sacrifice d'une fête, à laquelle j'étais convié; je voulais surtout épargner à mon cher Tom le chagrin de ne pas me voir à l'heure accoutumée. Quand parfois il m'arrivait forcément de lui causer cette peine, ah ! il eût fallu voir quelles caresses affectueuses il me prodiguait le lendemain. C'était une joie, une expansion que je ne saurais décrire : il courait, il sautillait autour de moi, sur mes genoux, sur mes épaules, frémissant de plaisir sous ma main qui le flattait : on eût dit que nous avions été séparés pendant tout un an.

Ces relations duraient depuis quatre mois, lorsqu'un jour — jour néfaste, dont le souvenir, je l'avoue sans honte, est un des plus pénibles de ma vie, — je reçus une lettre qui m'apprit une nouvelle aussi fâcheuse qu'inattendue. Il n'y avait pas une minute à perdre ; il me fallait partir sur-le-champ pour Bruxelles. Dans la préoccupation où me jetait cette malheureuse missive, je fermai la fenêtre, sortis précipitamment de mon cabinet, et par je ne sais quelle fatalité, j'en emportai, contre mon habitude, la clé avec moi.

Je fus obligé de demeurer treize jours dans la capitale. — Le nombre treize est à coup sûr un nombre fatal. — Chaque après-dinée, que dis-je ? à chaque heure du jour, je pensais à mon pauvre Tom. Je me le représentais triste, les ailes pendantes, se morfondant sur le châssis de ma croisée obstinément fermée, et donnant en vain mille coups de bec contre le carreau, pour annoncer sa présence. Hélas ! il n'en était pas ainsi !.....

Je retournai enfin à Anvers ; pendant toute la route, je ne songeais qu'au bonheur de revoir, ce même jour encore, mon oiseau chéri. Rentré dans mon cabinet, j'en ouvris aussitôt la croisée, et attendis ensuite, avec une impatience indicible, le moment de l'arrivée de Tom : ce moment étant venu, j'allai me placer à la fenêtre, et regardai de tous les côtés dans les airs. Je restai ainsi en observation pendant vingt minutes, sans qu'aucun oiseau, pas une seule hirondelle, pas un seul pierrot, se montrât à mes yeux. Cette solitude du ciel me parut de mauvaise augure. Une heure entière se passe encore, et Tom ne paraît pas ! — C'est alors que je compris mieux que jamais, combien il est vrai de dire avec l'auteur de Marie Stuart :

Oh ! que l'inquiétude est un affreux tourment,
Et qu'une heure d'attente expire lentement !

Quel motif peut donc retenir Tom ? me demandais-je à chaque instant. — M'aurait-il oublié ? Oh ! non, cela n'est pas possible : ce serait lui faire injure que de douter un seul instant de sa fidélité. — Mais mon absence a été si longue ! Lassé de m'avoir attendu pendant treize jours, il croit peut-être que je suis parti pour toujours... Pauvre Tom, comme cette idée doit te causer du chagrin !.... Mais si Tom était mort ! Qui sait s'il n'a pas péri sous le couteau ? S'il n'est pas tombé entre les serres impitoyables d'un oiseau de proie ?....

Je ne savais à laquelle m'arrêter de toutes ces

conjectures plus poignantes les unes que les autres. L'heure de nos entrevues était passée depuis long-temps, et déjà, même, le soir commençait à tomber. J'avais beau me répéter cent fois que Tom était retenu prisonnier dans son colombier, et qu'il ne manquerait pas de venir le lendemain; je ne pus dissiper le pressentiment pénible dont je me sentais accablé : un je ne sais quoi me disait que je ne devais plus voir Tom vivant, et j'avais, pour ainsi dire, la certitude que ce pressentiment se change-rait bientôt en une affreuse vérité. — Je ne me trompais pas.

Triste et découragé, je me promenais dans ma chambre, feuilletant au hasard un livre pour me distraire, lorsque, dirigeant mes yeux du côté de mon pupitre, j'aperçus mon malheureux Tom, cou-ché sans mouvement, sur le coussin de mon fau-teuil !..... Tom était mort ! mort après avoir enduré, pendant treize jours, l'horrible torture de la faim et de la soif !..... Et c'était moi, moi, son ami, qui l'avais tué ! C'était moi qui, en emportant la clé de mon cabinet, l'avais condamné au supplice d'Ugolin !.... Je ne le cache pas ; à la vue du corps inanimé de mon oiseau, j'éprouvai une douleur sin-cère. Je sais que quelques-uns de mes lecteurs, âmes froides et égoïstes, prendront cette douleur en pitié ; mais d'autres, j'en suis sûr, la comprendront, et même, la partageront peut-être. Elle fut d'autant plus vive que Tom, pour me donner une dernière marque de son affection, avait voulu mourir sur la place que j'occupais d'habitude. Sans aucun doute, il avait eu l'intention de me faire comprendre par là qu'il me pardonnait généreusement d'avoir été l'auteur innocent de son trépas.

Élien rapporte [1] qu'un roi d'Égypte, du nom de Marrès, fit élever un monument à une corneille qu'il avait beaucoup aimée. Je n'imitai point l'exemple de ce monarque : quelque cher que Tom m'eût été, je ne crus pas pouvoir lui accorder un témoignage qui n'est dû qu'aux hommes qui ont servi la patrie par des services éminents. Mais ne voulant pas non plus laisser tomber dans un éternel oubli, la mémoire d'un oiseau qui m'avait donné tant de preuves de la plus touchante amitié, je tirai quelques pennes de ses ailes, et promis, en les pressant sur mon cœur, de m'en servir un jour pour écrire, non seulement l'histoire de Tom, mais encore celle de son antique et illustre famille tout entière.... Puissé-je

[1] *De Animal. nat.* Lib. VI, c. 7.

n'être pas seul aujourd'hui, à me féliciter d'avoir
rempli courageusement ma promesse !....

Bien des personnes, en lisant le titre de ce livre,
se refuseront à croire, j'en suis sûr, que l'histoire
du pigeon soit assez riche de faits pour remplir à
elle seule tout un volume. C'est, je l'avoue, ce que
je ne croyais pas moi-même, lorsqu'à la suite du
douloureux événement que je viens de raconter, je
commençai mes recherches sur la race colombine.
Mais à peine eussé-je secoué la poussière de quelques
in-folios grecs et latins, feuilleté un petit nombre
de chroniqueurs, et consulté nos savants archéologues
modernes, qu'à ma grande surprise, et surtout à
ma grande satisfaction, je vis le cadre de mon sujet
s'élargir et s'étendre peu à peu au-delà des limites
les plus inespérées. Les trouvailles curieuses que je

faisais de toutes parts, et dont le nombre s'aug-
mentait à mesure que je m'orientais avec plus d'expérience dans mes investigations, me persuadèrent
plus que jamais, qu'en recueillant *avec courage et
persévérance,* les parcelles d'or et d'argent éparpillées et cachées, pour ainsi dire, dans les sables
du champ de la science archéologique, on amas-
serait encore des trésors abondants.

Ainsi, je le répète, je ne tardai pas à me convaincre que loin d'être aussi restreinte que je me
l'étais persuadé d'abord, l'histoire de la colombe
offrait au contraire une étendue considérable. Cette
histoire, en effet, remonte à l'origine des sociétés.
— Répandu sur presque toute la surface du globe,
et livré à la merci d'une foule d'ennemis acharnés,
le pigeon semble avoir lui-même demandé en grâce
aux premiers habitants de la terre, un asile protecteur au milieu de leurs demeures. Il est, selon
moi, le premier oiseau qui ait joui du privilége de
partager avec l'homme les avantages précieux de la
vie sociale. Et comme depuis cette époque reculée
jusqu'à nos jours, il a été l'objet constant de l'affection de presque tous les peuples, et que, même,
pendant des siècles, il a été honoré, chez la plupart
d'entre eux, d'une pieuse vénération, on comprendra

sans peine qu'il doit occuper une place importante dans toutes les parties du vaste domaine de l'archéologie. Le pigeon a son histoire religieuse et son histoire civile ; il appartient aux temps de la barbarie et à ceux de la civilisation ; à l'Orient et à l'Occident ; aux cultes, aux oracles et aux augures de l'antiquité païenne ; aux symboles sacrés et moraux du christianisme ; aux légendes pieuses du moyen âge ; à l'art, ou pour mieux dire, au charlatanisme médical des anciens ; au Grand-OEuvre de la pierre philosophale ; à la législation et à la jurisprudence des peuples libres chez qui le droit de colombier était commun ; au long et absurde règne de la féodalité, sous lequel, comme on sait, les nobles seigneurs seuls avaient le droit d'accorder l'hospitalité à notre oiseau, dans l'une des tourelles de leurs sombres manoirs.

A ces considérations qui peuvent, dès à présent, donner une idée des destinées variées et curieuses de la colombe, j'en pourrais ajouter bien d'autres encore, non moins propres à éveiller l'intérêt du lecteur, et à captiver sa bienveillance en faveur de ce volume ; mais je ne veux pas m'avancer plus avant ; je craindrais trop d'imiter certains auteurs qui, dans leur enthousiasme, — sincère quelquefois, factice la plupart du temps, — ne connaissent pas, dans le monde entier, de sujet plus beau, plus digne de fixer l'attention des savants et du public, *de la cour et de la ville*, comme on disait autrefois, que celui qu'ils viennent de traiter. J'aime mieux laisser à ceux qui me liront, le plaisir d'apprécier par eux-mêmes l'intérêt des faits que je me suis proposé de raconter. — Commençons par le rôle que la colombe a rempli, durant l'antiquité, dans le culte des dieux et les croyances religieuses des peuples païens : *ab Jove principium.*

CHAPITRE II

La Colombe, oiseau sacré et symbolique.

Lorsque la connaissance du vrai Dieu se fut effacée parmi les hommes, les philosophes et les poètes imaginèrent divers systèmes théogoniques et religieux, qu'ils approprièrent, le mieux possible, au caractère et à l'esprit de chaque peuple. Ces systèmes, tout allégoriques d'abord, ne tardèrent pas à se matérialiser, pour la multitude crédule et grossière, en traditions positives, en histoires réelles. L'olympe fut peuplé de dieux et de déesses, et la terre couverte de temples où ces divinités recevaient des hommages. Pour rendre plus sensible aux yeux du *profanum vulgus*, la destination attribuée à chacun des habitants du céleste séjour, on les accompagna de divers attributs. Jupiter, maître des dieux et des hommes, porta la foudre dans sa main : Mars se montra couvert d'une armure complète, brandissant son redoutable glaive : Hercule laissa flotter sur ses robustes épaules, la peau du lion de Némée : on couronna Bacchus de pampres ; on donna un caducée à Mercure, un trident à Neptune, et ainsi de suite. Bientôt on ne se contenta plus de ces accessoires distinctifs, dont quelques-uns d'ailleurs ne faisaient que rappeler un épisode de la biographie fictive du dieu, et l'on consacra à chaque immortel, un animal dont le caractère, bien connu de tout le monde, présentait un sens emblématique plus complet et plus frappant à la fois. Ainsi, l'aigle, roi des airs, devint l'oiseau de Jupiter, roi de l'olympe et de la terre. Mars obtint le coursier belliqueux ; Mercure, le chien ; Vulcain, le lion ; Bacchus, le tigre ; Minerve, le hibou.

On comprend qu'en élevant ainsi un grand nombre de quadrupèdes et d'oiseaux au rang honorable

de compagnons des dieux, il était impossible que
la jolie colombe fût oubliée. Ses aimables qualités ne
pouvaient manquer, au contraire, de lui assurer, en
cette circonstance, une distinction des plus flatteuses ;
aussi fut-elle accordée à la plus grâcieuse, à la plus
séduisante de toutes les déesses, à celle des amours,
mais des amours purs, bien entendu, car la colombe
est le modèle de la chasteté, comme Aristote, Pline,
Élien et plusieurs autres naturalistes, le témoignent.

Au rapport des mythologues grecs, Vénus avait
une si grande tendresse pour cet oiseau, qu'elle ne
s'en séparait jamais. Tour à tour elle le portait
sur la main, ou l'attelait à son char léger.

On assure même qu'elle se transformait en colombe.
— Vénus ne fut pas, du reste, la seule divinité
qui daignât cacher sous cette forme élégante, l'éclat

de sa céleste condition. Les Grecs, au rapport d'Élien [1], racontaient que Jupiter se métamorphosa en colombe durant ses amours avec une vierge d'Ægium [2], appelée Phthia. — Allégorie charmante par laquelle les Grecs ont, probablement, voulu exprimer que pour réussir à plaire, ce n'est rien que d'être riche et puissant, si l'on ne possède en même temps toutes les belles et généreuses qualités dont la colombe est le touchant emblême.

Cette transformation de l'époux de Junon, n'est pas le seul épisode de l'histoire de sa *vie et gestes*, où la colombe soit mentionnée. C'étaient des colombes, dit Homère [3], qui lui portaient l'ambroisie. C'est par des colombes, dit-il encore, que le futur souverain de l'Univers fut nourri dans l'île de Crête. — Quelques savants ont prétendu que cette fable était fondée sur ce que le même mot phénicien signifiait à la fois, *colombe* et *prêtre* [4]. Je demande pardon

---

[1] *Var. Hist.* Lib. 1, C. 25.

[2] Ville de l'Achaïe, sur le golfe de Corinthe.

[3] Les dieux fortunés appellent ces rochers *(Scylla et Charybde)* les rochers errants. Les oiseaux ne peuvent les franchir, pas même les colombes timides qui portent l'ambroisie à Jupiter. Le rocher uni ravit toujours une des colombes, mais ce dieu en envoie alors une autre pour compléter leur nombre. *Odyssée*, Liv. XII, v. 61-65.

[4] *Le Manuel des artistes*, etc., par Messire Jean Raymond de Petity. Paris, 1770 ; art. *Colombe*.

à ces savants de n'être point de leur avis, et de
voir autre chose dans ce récit, qu'une similitude de
deux mots, due au hasard.

Remarquons d'abord que divers animaux passèrent
pour avoir allaité des personnages célèbres. Cyrus,
fils de Cambyse, roi de Perse, eut pour nourrice
une chienne ; Télèphe, fils d'Hercule, une biche ;
Pélias, fils de Neptune, une cavale ; Alexandre, fils
de Priam, une ourse ; Égisthe, fils de Thyeste, une
chèvre ; Romulus, enfin, une louve [1].

En présence de ces légendes, pourquoi ne pas
admettre aussi celle des colombes du jeune Jupiter ?
— Une intention allégorique était bien certainement
cachée sous toutes ces traditions merveilleuses. C'est
ainsi que pour figurer la douceur qui caractérise
l'éloquence de Saint Jean Chrysostôme, la légende
dit, que lorsqu'il était enfant, des abeilles vinrent,
pendant son sommeil, voltiger au-dessus de sa tête,
et déposer du miel sur ses lèvres.

Je ne comprends pas, ensuite, comment Homère
aurait pu tomber dans la grossière erreur de prendre
pour des oiseaux, les Corybantes et les Curêtes,
que ces mêmes savants prétendent avoir pourvu à

[1] ÉLIEN, *Var. Hist.*, Lib. XII, c. 42.

la nourriture du fils de Saturne. Si le chantre d'Achille attribue ce privilége à des colombes, on ne peut douter que cet apologue ne fût populaire de son temps, et que, comme tous les autres, il ne renfermât un sens philosophique.

Il est évident que si l'on dépouille les récits de la mythologie des Grecs et des Romains, de leur portée morale, il ne reste plus guère qu'une série de niaiseries ridicules. Le système religieux de ces deux peuples était une médaille, dont les deux côtés, chargés des mêmes empreintes, étaient tournés, l'un vers les hommes d'un esprit cultivé, l'autre vers la foule qui, dans sa lourde ignorance, ne s'élevait jamais au-dessus du témoignage matériel de ses yeux. — Pour les premiers, ces récits étaient autant de voiles poétiques à travers lesquels ils voyaient briller un utile enseignement ; tandis que pour la multitude, c'étaient tout uniment des contes plus ou moins intéressants, selon que le fond et les formes en étaient dramatiques ou attrayants.

On peut sans peine se faire une idée de ce double effet que les emblèmes et les légendes produisaient dans l'antiquité païenne, par ce qui se passe aujourd'hui à ce sujet parmi nous. Les images de la plupart des Saints que nous vénérons, sont accompagnées d'insignes emblématiques, parmi lesquels figurent également plusieurs animaux. St-Jean a près de lui un aigle ; St-Marc, un lion ; St-Luc, un bœuf; St-Grégoire, une colombe blanche ; St-Georges, un dragon; St-Antoine, *l'animal qui se nourrit de glands.* — Ceux à qui l'histoire de ces illustres héros du christianisme est familière, connaissent très-bien le sens attaché à ces oiseaux et à ces quadrupèdes allégoriques; mais l'homme du peuple ne s'en préoccupe nullement ; l'emblème lui apprend quel Saint il a devant lui, et il n'en demande pas davantage.

Quant aux légendes, auxquelles l'esprit poétique des premiers chrétiens et du moyen âge, a donné naissance, plusieurs d'entre elles ont subi le sort du plus grand nombre de celles qui avaient cours dans l'antiquité : le temps les a, elles aussi, réduites à de simples faits historiques, en effaçant peu à peu la valeur morale qu'elles offraient dans leur origine. C'est ce qui a eu lieu, si je ne me trompe, à l'égard d'un des plus jolis apologues que le moyen âge nous ait transmis. Je veux parler de ce qui arriva une nuit à Sainte Gudule, cette illustre patronne de Bruxelles, à laquelle la Belgique doit une éternelle reconnaissance. — Elle passait des nuits entières à prier, dit la légende, « et n'avait pour compagnie qu'une petite chambrière, qui lui portait une lanterne, laquelle, une fois, fut éteinte par le diable, et bientôt rallumée par les prières de la Sainte. C'est pourquoi on peint Sainte Gudule avec une lanterne [1]. »

Il est probable, me paraît-il, qu'en créant ce récit, on a voulu exprimer d'une manière sensible, les efforts constants déployés par cette Sainte pour dissiper les ténèbres du paganisme, au milieu desquelles elle contribua si puissamment à faire briller le flambeau de la foi ; flambeau, que le génie du mal cherchait à éteindre sans cesse. Peut-être, a-t-on voulu signifier de plus, qu'alors même que par l'un ou l'autre événement fatal et imprévu, cette lumière divine viendrait à disparaître un moment, elle ne tarderait pas à renaître, pour triompher de nouveau de la nuit sombre de l'idolâtrie.

Ces petits poêmes atteignaient à merveille le but que leurs auteurs se proposaient : le peuple était trop grossier encore pour qu'on pût l'instruire et le guider par le raisonnement : il fallait donc bien parler à son imagination, et matérialiser ce qui était au-dessus de son intelligence. On ne fit, du reste,

---

[1] Gazet, *Histoire ecclésiastique des Pays-Bas.* Valenciennes, 1614.

en agissant ainsi, qu'imiter le Sauveur lui-même qui, on le sait, revêtait fréquemment des formes de la parabole, les préceptes et les vérités de sa doctrine.

Mais retournons un moment encore dans l'île de Crête, auprès du berceau de Jupiter. Quelle intention peut avoir donné lieu à l'origine de l'anecdote des colombes nourrissant le jeune fils de Saturne? *That 's the question.* N'aurait-on pas voulu signifier que le pouvoir suprême doit toujours être tempéré par la douceur et la clémence, vertus qui seules peuvent le rendre cher aux peuples, et auxquelles la colombe sert d'expression ?

Ce qui vient à l'appui de cette thèse, c'est le sens moral attribué, depuis des siècles, à la colombe, parmi les emblêmes de la royauté.

Jacques de Guyse [1] nous apprend que le jour du couronnement d'Arthur, ce fameux monarque de de la Grande-Bretagne était précédé dans le cortége, par quatre rois, tenant chacun une épée d'or ; pendant que, devant la reine, marchaient quatre autres rois, portant chacun *selon la coutume,* une colombe blanche.

[1] *Histoire de Hainaut*, liv. VIII, tom. 6, édit. de 1829. Ce chroniqueur vivait au 14e siècle.

Les paroles que je souligne prouvent que la particularité dont notre chroniqueur fait mention, remontait bien au-delà de l'époque d'Arthur, dont le règne, comme on sait, est placé au VIe siècle.

Le sceptre des rois saxons d'Angleterre était surmonté d'une colombe ; *véritable embléme de la douceur et de la paix,* dit le savant Joseph Strutt dans son *Angleterre ancienne* [1]. Édouard-le-Confesseur qui, le premier, se servit d'un grand sceau, y fit représenter le sceptre, sans doute, comme un enseignement constant et perpétuel pour ses successeurs. — L'usage de porter devant les rois et les reines d'Angleterre, le jour de leur sacre, un sceptre surmonté d'une colombe, existe encore aujourd'hui. — Le sceptre de Charlemagne était également orné d'une colombe : M. Didron [2] croit que cette colombe signifie le Saint-Esprit, et il donne en même temps une explication, frappante de justesse, du sens emblématique attaché à la fois et au sceptre et à l'image de l'oiseau qui le surmonte. Si le sceptre est un bâton qui sert à affermir la marche, dit-il, la colombe est l'esprit qui dirige les pas.

[1] *Anglet. anc., ou tableau des mœurs, usages, armes, habillements, etc., des anciens habitants de l'Angleterre.* Paris 1789.
[2] *Histoire de Dieu* : Paris, imprimerie royale, 1843.

On sait que pendant les cérémonies du couronnement des rois de France dans la cathédrale de Reims, on donnait, dans l'église même, la volée à une multitude de colombes blanches [1]. Cela marquait, disait-on, que ces oiseaux captifs, ayant recouvré la liberté, le peuple, captif aussi, venait de regagner l'indépendance par le sacre de son roi. M. Didron trouve cette explication insuffisante : il aurait pu dire, me semble-t-il, qu'elle est presque ridicule ; car, le peuple, comme M. Didron en fait d'ailleurs lui-même la remarque, ne perdait pas sa liberté par la mort du souverain. Ce judicieux écrivain propose donc une autre interprétation, aussi ingénieuse que bien fondée. J'aime mieux voir dans ce fait, dit-il, une idée analogue à celle du sceptre où se repose le Saint-Esprit. Le Saint-Esprit, la divine colombe, prenait possession de la cathédrale, de même que l'intelligence s'emparait du roi après la consécration. La multitude des colombes lâchées dans l'église, signifiait peut-être que le roi venait d'être doué de tous les dons du Saint-Esprit, et que si l'un ou l'autre périssait en lui, il lui en resterait toujours quelques-uns, tant le nombre en était considérable.

[1] Cet usage a été observé encore au sacre de Charles X.

On voit donc, par les faits que je viens de rappeler, que la colombe a toujours eu, dans un sens
allégorique, les rapports les plus intimes avec la
royauté, en France et en Angleterre. — Pourquoi les
mythologues anciens n'auraient-ils pas imaginé d'en
établir de même entre cet oiseau et l'enfant destiné
à devenir, un jour, le roi des dieux et des hommes?

Mais poursuivons notre route ; disons adieu à la
patrie de Minos, et faisons voile vers la Sicile pour
y apprendre, par la bouche d'Élien, le prodige dont
chaque année, cette île était témoin. Sur le mont
Éryx, aujourd'hui, *Mont San-Guiliano*, Vénus avait
un temple magnifique dans lequel elle était particu-
lièrement honorée. Tous les ans, à certaine époque,
on célébrait sur cette montagne des jours de fête
appelés *jours de départ*. Les Siciliens les nommaient
ainsi, parce qu'ils croyaient que la déesse quittait
leur île pour se rendre en Lybie. Or, pendant tout
le temps que durait son absence, on n'apercevait
pas une seule colombe aux environs de son temple,
tandis que d'ordinaire, on y remarquait une multitude considérable de ces oiseaux. Les Siciliens étaient
persuadés qu'ils suivaient tous la déesse dans son
voyage. Ce voyage durait neuf jours, après lesquels,
— nouveau miracle ! — on voyait venir du côté de

la mer Lybique, une colombe d'une beauté remarquable, et bien différente des colombes ordinaires, car elle était rouge, couleur donnée à Vénus par Anacréon, qui représente cette déesse pourprée et semblable à l'or. Toutes les autres colombes arrivaient à la suite de celle-ci, et charmés de les revoir, les habitants de l'Éryx célébraient leur retour par des fêtes nouvelles [1].

Il ne serait pas impossible, peut-être, que ces émigrations périodiques et ces retours réguliers des pigeons siciliens, — supposé toutefois que le fait ait eu réellement lieu, — n'aient été déterminés par l'une ou l'autre cause naturelle, inconnue aux anciens, et que, dans leur crédulité et leur amour pour le merveilleux, ils auront attribuée à une intervention divine.

Si les colombes étaient chères au peuple de la Sicile, elle ne l'étaient pas moins à ceux d'Ascalon, de Cypre, de la Phénicie, de Delphes et de l'Assyrie, à tous ceux, en un mot, chez qui Vénus recevait un culte spécial [2]. Les Ascaloniens avaient pour

[1] ÉLIEN *de Anim. Nat.* Lib. IV, c. 2, et *Var. Hist.* Lib. I, c. 25. — La Vénus Erycine était représentée assise, ayant sur la main une colombe, et l'amour à ses pieds.

[2] On sait qu'en Phénicie, Vénus portait le nom d'Astarté, et en Assyrie celui de Mylitta.

elles un souverain respect ; ils n'osaient ni en tuer, ni en manger, et nourrissaient avec soin toutes celles qui naissaient dans leur ville. — A Delphes, la colombe était le seul oiseau auquel on accordât le droit de vivre dans les environs du temple d'Apollon. — Les Assyriens qui, les premiers, avaient honoré la *Vénus céleste,* comme nous l'apprend Pausanias [1], croyaient que l'âme de leur illustre reine Sémiramis s'étaient envolée au ciel sous la forme d'une colombe. La colombe était sacrée pour eux, et ils en plaçaient l'image dans leurs enseignes. — Cette particularité mérite d'autant plus d'être bien remarquée, qu'elle sert à expliquer trois passages du livre de Jérémie. — Parlant des ravages que Nabuchodonosor, roi de Babylone et de Ninive, doit exercer dans la Judée, ce prophète s'écrie : « *La terre a été désolée par la colère de la colombe ;* » et encore : « *Fuyons dans notre pays pour éviter le glaive de la colombe ;* » enfin, dans un autre endroit, il dit que *chacun fuira devant l'épée de la colombe* [2]. — Ces passages ont beaucoup embarrassé plusieurs commentateurs de la Bible, qui ne s'expliquaient pas quel rapport il

[1] *Attica,* sive Lib. prim.
[2] Jérém. XXV. 38. — XLVI. 16. — L. 16.

pouvait y avoir entre la colère, une épée, et la douce et pacifique colombe. Inutile de dire que ce rapport est tout à fait introuvable, à moins que l'on n'accorde ici à cet oiseau, une acception figurée.

Quelques-uns des interprètes, dit dom Calmet, sous le nom de la colombe, entendent le Seigneur, qui de colombe était devenu lion rugissant, armé de glaive et prêt à saccager tout le pays [1]. — Il est évident que ces commentateurs se trompent, car dans le premier des trois textes que je viens de rapporter, Jérémie, après avoir annoncé que *la terre a été désolée par la colère de la colombe*, ajoute : *et par l'indignation et la fureur du Seigneur* [2]. On voit que les mots *colombe* et *Seigneur*, signifient évidemment, ici, deux choses différentes. D'autres, continue dom Calmet, entendent Nabuchodonosor, roi des Chaldéens, lequel portait, dit-on, une colombe dans ses enseignes, en mémoire de Sémiramis, que l'on disait avoir été métamorphosée en colombe, ou qui a été appelée colombe par antiphrase. — Cette interprétation ne satisfait pas non plus le savant bénédictin, et

---

[1] *Dictionn. de la Bible*, art. *Colombe*.

[2] .... facta est terra in desolationem à *facie iræ columbæ, et à facie iræ furoris Domini*.

pour mettre tout le monde d'accord, il efface d'un
trait de plume, le mot de colombe, et propose,
comme moyen plus simple, de traduire l'hébreux
Jona par *un ennemi, un destructeur, un ravageur*. A
la bonne heure ; mais il faut avouer que cet expé-
dient ne ressemble pas mal à celui d'Alexandre à
l'égard du nœud gordien. Il y aurait, me paraît-il,
une témérité et une présomption extrêmes, à vouloir
corriger ainsi la version des Septante et celle de
Saint Jérôme, où l'on trouve le mot *Jona* traduit
par celui de colombe. Les Septante et l'auteur de la
Vulgate n'ont, bien certainement, pas trouvé plus
d'obscurité dans ces passages de Jérémie, que nous
n'en trouvons aujourd'hui dans ces vers de Boileau :

> En vain au Lion Belgique
> Il voit l'Aigle Germanique
> Uni sous les Léopards [1].

L'âme de Sémiramis était, disait-on, monté au
ciel en colombe, comme plus tard celle de Romulus
s'y éleva sous la forme d'un aigle. Cette tradition
semblerait prouver que chez les Assyriens, l'image
d'une colombe s'envolant dans les airs, servait à
exprimer symboliquement et l'immortalité de l'âme,

---

[1] *Ode sur la prise de Namur.*

et son admission au céleste séjour. — Cette double signification mystique était également attribuée à notre oiseau, dans les premiers siècles du christianisme.

Quant à l'âme des saints, esprit immortel des hommes, dit M. Didron [1], on devait aussi la voir paraître sous la forme de la colombe, car l'âme est faite à l'image de Dieu. — Les Goths, dit Winckelman [2], élevaient sur leurs tombeaux des perches surmontées d'une colombe, laquelle ici, comme sur d'autres monuments chrétiens, pourrait bien signifier l'âme.

Le célèbre archéologue a eu tort de mettre cette signification en doute ; elle n'en souffre pas le moindre. — Cet oiseau, dit M. Cyprien Robert [3] est l'emblême qui se trouve le plus souvent sur les sarcophages primitifs. Là, on le voit emporter dans son bec une palme, une branche d'olivier, ou percer des raisins, figure de l'âme des confesseurs qui s'envole innocente, versant comme un vin précieux, son sang sur la terre. — Et un peu plus loin, parlant de quelques martyrs dont l'âme, au

[1] *Histoire de Dieu*, pag. 216.
[2] *De l'Allégorie*, etc., Paris, an VII de la Rép. franç.
[3] *Cours d'Hiéroglyphie chrétienne*; V. Didron.

moment de leur trépas, monta au ciel sous la figure d'une colombe, M. Robert ajoute : Pour des esprits encore grossiers, encore offusqués par les ténèbres de l'idolâtrie, on exprimait ainsi la survivance et l'immortalité de l'âme [1].

C'est de l'apothéose, bien plus que de l'immortalité de l'âme, que la colombe doit avoir été, me paraît-il, le poétique symbole parmi les premiers chrétiens; transmis de génération en génération, on voit, en effet, ce symbole exister encore au XIIIᵉ et même au XVᵉ siècle, comme on en trouve la preuve dans l'histoire du duc Louis de Thuringe, époux de Sainte Élisabeth de Hongrie, et dans celle de Jeanne d'Arc. — Étant sur le point d'expirer, le duc Louis dit à ceux qui l'entouraient : Voyez-vous ces colombes plus blanches que la neige?... On le croyait en proie aux visions ; mais un peu après il leur dit : Il faut que je m'envole avec ces colombes resplendissantes, — et en disant cela, il s'endormit dans la paix. Alors son aumônier Berthold

---

[1] Dans son *Tableau des catacombes de Rome*, M. Raoul-Rochette remarque que de tous les animaux employés avec une intention purement chrétienne, pendant les premiers siècles du christianisme, la colombe surtout se reproduit plus fréquemment qu'aucun autre dans les peintures des catacombes. — Nous lisons encore dans cet ouvrage que la colombe était du nombre des symboles dont les premiers chrétiens devaient faire usage pour leurs cachets.

aperçut ces colombes s'envoler à l'Orient, et il les suivit longtemps du regard [1].

Au moment où Jeanne d'Arc périt sur le bûcher, un Anglais témoin du supplice de cette héroïne, déclara, dit M. Michelet [2], dans une déposition que nous possédons écrite, qu'il avait vu s'envoler de la bouche de Jeanne, avec son dernier soupir, une colombe qui prit le chemin du ciel. M. Didron, en rapportant cette tradition, la fait suivre de cette ingénieuse remarque : La colombe divine s'était manifestée au baptême de Clovis, fondateur de la monarchie ; une colombe encore s'échappa du cœur de Jeanne d'Arc qui venait de restaurer la même monarchie en ruines.

Les Goths dont je viens de parler, en plaçant leur colombe tumulaire sur de hautes perches, voulaient, je crois, faire comprendre par là que l'âme de ceux à qui ils accordaient cet hommage, s'était élevée aux célestes régions.

Voici maintenant quelques exemples de saints martyrs dont l'âme, selon de pieuses traditions, quitta la terre, sous l'image d'une colombe. On connaît,

---

[1] M. le comte de MONTALEMBERT, *Vie de Ste-Élisabeth* ; V. Didron.
[2] *Histoire de France*, vol. V.

dit M. Montalembert [1], la belle légende de Saint-Polycarpe qui fut brûlé vif. Son sang étouffa les flammes, et de ses cendres on vit sortir une colombe blanche qui s'envola vers le ciel. — Sainte Reparata ayant été décapitée pour avoir refusé de sacrifier aux idoles, on vit son âme monter en colombe au-dessus de son corps. La même chose se répète, dit M. Cyprien Robert [2], pour Saint-Potitus et l'évêque Saint-Polycarpe, décollés, du sang desquels l'oiseau, blanc comme la neige, s'élance et vole à tire d'ailes vers les cieux. Les actes du martyre de Saint-Quentin disent avec une suavité de paroles et un élan de foi rempli de charmes : *Visa est felix anima velut columba, candida sicut nix, de collo ejus exire et liberissimo volatu cœlum penetrare.* — (Son âme bienheureuse parut sortir de son cou sous la forme d'une colombe blanche comme la neige, et prendre librement son essor vers les cieux).

N'oublions pas de citer ici les vers charmants de Prudence, dans lesquels ce poète raconte ce qui se passa au moment où Sainte Eulalie rendit le dernier soupir, au milieu des plus atroces tortures :

[1] *Vie de Ste-Elisabeth; v. Hist. de Dieu.*
[2] *Cours d'Hiérog.; V. Didron.*

Emicat inde columba repens,
Martyris os, nive candidior,
Visa relinquere et astra sequi.
Spiritus hic erat Eulaliæ,
Lacteolus, celer, innocuus [1].

(Tout à coup, on vit s'élever une colombe plus blanche que la neige : elle semblait sortir de la bouche de la martyre, et se diriger vers le ciel. C'était l'âme d'Eulalie, cette âme si pure, si sainte).

On voit que la colombe symbolisant l'âme des saints, est toujours d'une blancheur éclatante : la raison en est facile à donner : tout le monde sait que la couleur blanche a toujours été, et qu'elle est encore aujourd'hui, l'emblème de la pureté et de l'innocence. La colombe au plumage plus blanc que la neige, représentait donc, d'une manière poétique et sensible, la vie pure et sans tache de ceux que la vénération publique se hâtait de placer, immédiatement après leur trépas, parmi les élus de Dieu.

Parfois des colombes ont été aperçues, voltigeant au-dessus d'un tombeau, pour témoigner que celui qui y reposait, n'était pas coupable du crime pour lequel on l'avait fait mourir.

[1] *De Coron.* hymn. 3, str. 25.

Un moine de l'ordre de Saint-Dominique, nommé Timmerman, ayant été livré au supplice à Anvers, en 1582, pour avoir pris part, disait-on, à un attentat contre la vie du Prince d'Orange, sa tête fut séparée du tronc et placée sur un pieu. Plusieurs personnes attestèrent avoir vu, la nuit, des colombes se poser sur cette tête, et ces colombes étaient, regardées comme des témoins de l'innocence du moine, *innocentiæ testes columbæ*, dit le père Choquet dans son livre *des Saints belges de l'ordre des Prédicateurs* [1].

Si l'âme des Saints, en se dépouillant de son enveloppe matérielle, s'élevait au ciel en colombe, c'était encore cette forme gracieuse qu'elle empruntait, lorsqu'elle quittait un moment l'éternel séjour pour revenir sur la terre.

Dans un monastère de Redon, en Bretagne, un enfant muet depuis sa naissance, priait Dieu de le guérir. Un jour qu'il faisait paître dans les champs les bestiaux des moines, il se laissa gagner par le sommeil. Tout à coup une clarté d'une lumière immense vint de l'Orient et l'entoura. Au milieu de cette lumière il lui apparut comme une colombe

---

[1] *De Sanctis Belgis Ord. Pred.*, cité dans le *Belgium Dominicanum* ; Bruxelles, 1719, pag. 218.

d'une blancheur de neige ; elle lui toucha la bouche, lui caressa la figure et lui dit : Je suis Marcellinus. — L'enfant se leva guéri, et raconta de ses propres lèvres ce qu'il avait vu et entendu [2].

Mais retournons aux peuples païens. Le grand respect dont la colombe, regardée comme un oiseau sacré, jouissait dans l'antiquité, a dû naturellement lui faire obtenir une haute importance dans les augures et les oracles : c'est encore un chapitre intéressant de son histoire religieuse.

[2] Cette légende est rapportée par M. Didron qui l'a tirée des *Act. Sanct. Ord. Bened.*, IVe siècle bénéd. IIe part. de 855 à 900, p. 216.

CHAPITRE III.

La colombe, messagère céleste et oiseau prophétique.

On sait que l'institution des augures et des oracles chez les anciens, n'était qu'un moyen adroit, imaginé et adopté, de commun accord, par la religion et la politique, et qui permettait à ces deux pouvoirs d'exercer simultanément sur la multitude un souverain ascendant. C'est à cette combinaison habile qu'on doit attribuer cette soumission respectueuse, dont le peuple était animé pour les lois et les chefs de l'état; cette confiance sans bornes avec laquelle il recevait et exécutait les ordres de ces derniers, ordres toujours sanctionnés au préalable par les dieux eux-mêmes. Que de malheurs les citoyens d'Athènes et de Rome n'auraient-ils pas attirés cent fois sur leurs patries, si la voix des prêtres ne s'était pas jointe à celle des archontes et des consuls? Sans le secours de cette voix sacrée, comment l'expérience et la sagesse de l'aréopage et du sénat auraient-elles pu contenir et guider ces masses toujours remuantes, emportées à chaque instant, par un mouvement d'enthousiasme, de prévention ou d'aveugle haine? Mais arrêtons-nous ; ce sujet nous conduirait bien loin, et je ne veux pas qu'on me reproche d'avoir enflé ce volume de dissertations oiseuses, dans le but de donner une étendue plus considérable, mais apparente seulement et trompeuse, à l'histoire de la colombe.

Les oiseaux jouaient un grand rôle dans les augures : on les divisait en deux classes ; les uns prédisaient un succès heureux, tandis que le chant ou le vol des autres, au contraire, n'annonçaient jamais rien que de sinistre. Chez les Grecs et les Romains, il est presqu'inutile de le dire, la colombe était comptée au nombre des premiers [1]. Il en était de même

---

[1] Rosini, *Antiq. rom. c. n. Dampsteri, Traj. ad Rh.* 1710.

chez les Belges idolâtres, — privilége qu'elle partageait avec le cygne, l'aigle, la cigogne, l'hirondelle, le coq, dont le chant était favorablement interprêté, au lieu que le corbeau, la chauve-souris et le hibou étaient regardés comme des présages de malheur [1].

Chez les Hébreux, les colombes, les tourterelles et les passereaux d'une certaine espèce, étaient les seuls oiseaux qu'il fût permis d'immoler au Seigneur [2].

Les Syriens avaient pour les colombes blanches, la plus grande vénération, comme l'attestent ces deux vers de Tibulle [3] :

> Quid referam, ut volitet crebras intacta per urbes
>   *Alba* Palestino sancta columba Syro ?

(Dirai-je comment, dans son vol au-dessus des cités nombreuses de la Palestine et de la Syrie, la *blanche* colombe est respectée par la piété des habitants ?) [4].

Selon Lucien [5], il paraîtrait que ce n'était pas aux colombes blanches seulement, que le peuple syrien

[1] A. G. B. SCHAYES, *Essai historique sur les usages, les croyances, etc., des Belges anciens et modernes.* Louvain 1834.

[2] Voyez le *Lévitique*, passim.

[3] Lib. I, El. 7, v. 18.

[4] Traduction de M. BAUDEMENT.

[5] *De Syria dea;* pag. 1076 de l'édit. de Paris, 1615.

accordait de la vénération, mais à toutes, en général, quelle que fût la couleur de leur plumage. De tous les oiseaux, dit-il, la colombe est à leurs yeux le plus sacré ; il n'est pas même permis de le toucher : celui qui le fait involontairement, est réputé criminel et impur pendant tout ce jour-là. Aussi les colombes habitent-elles avec les Syriens, entrent dans leurs maisons, et vivent habituellement à terre.

Contrairement aux Syriens, un grand nombre de Perses avaient pour les colombes blanches, l'horreur la plus profonde, et les regardaient comme des oiseaux impurs et de funeste augure. Hérodote nous en apprend la raison. — Les lépreux et les Albinos, dit-il, n'entrent point dans leurs villes, et ne communiquent avec aucun des Perses; de tels hommes, disent-ils, ont commis quelque péché envers le soleil. Tout étranger atteint de ce mal est chassé du pays ; plusieurs même étendent cette proscription jusqu'aux pigeons blancs [1].

L'historien grec Charon de Lampsaque au rapport d'Élien [2], affirmait dans son histoire de la Perse,

----

[1] *Hist. Liv.* 1. Trad. de M. BETANT.

[2] *De anim. nat.* lib. I, c. 15. — Ce Charon de Lampsaque vivait un peu avant Hérodote ; il ne nous reste plus de lui que quelques fragments.

histoire qui, malheureusement, n'est point parvenue jusqu'à nous, que des colombes blanches avaient été vues auprès de l'Athos, pendant l'affreuse tempête qui brisa les trirèmes de la flotte de Darius contre cette montagne.

Un fait rapporté par le chroniqueur Folcuin [1], permet de croire que la colombe était un objet d'épouvante pour ces terribles Hongrois qui, au dixième siècle, saccagèrent une partie de la Gaule et de la Germanie. A l'approche de ces hordes sauvages, les moines de l'abbaye de Lobbes [2] se renfermèrent avec les habitants d'alentour, dans l'église de Sainte Marie, qu'il fortifièrent le mieux qu'ils purent, dans la résolution de se défendre vaillamment. Bientôt les Hongrois vinrent les assiéger. — Comme il s'agit pour les nôtres du salut de leurs âmes, dit Falcuin, ils opposent la plus vigoureuse résistance, et l'on voit combattre à leurs côtés les clercs, les moines même, quoiqu'il soit défendu à ceux-ci de porter les armes. Efforts inutiles ! Les assiégés sont accablés par le nombre

[1] *De gestis abbat. lobiens.* C. 25.

[2] M. Schayes a écrit sur l'abbaye et l'église paroissiale de Lobbes, un savant mémoire qui a été publié dans le *Messager des Sciences et des Arts de Gand ;* tom. III, p. 383.

et déjà ils s'embrassent les uns les autres, n'ayant plus d'autre perspective devant les yeux, que la mort ou le malheur de tomber au pouvoir de l'ennemi, lorsque, tout à coup, par une grâce toute spéciale de la bonté divine, deux colombes sortent du temple et volent trois fois autour de l'armée des Hongrois. Une forte pluie qui tombe au même instant, détend les cordes des arcs, et empêche les barbares de déployer leur adresse accoutumée ; saisis de frayeur, ils s'enfuient avec tant de précipitation que les chefs se servent du fouet à l'égard de ceux qui veulent continuer encore le combat.

Dans l'histoire des peuples anciens, il est parlé de plusieurs animaux envoyés par les dieux, pour servir de guides aux hommes dans des courses lointaines et aventureuses. C'est ainsi, par exemple, que, perdu au milieu du vaste désert lybien, Alexandre-le-Grand ne savait de quel côté se diriger, pour atteindre le terme de son voyage, lorsque, tout à coup, on vit arriver un grand nombre de corbeaux [1]. — Ce seront là les sauveurs du fils de Philippe. D'un vol lent et régulier ils précèdent les premières enseignes, et conduisent ainsi l'armée macédonienne, exténuée

---

[1] Voyez QUINTE-CURCE, lib. IV. 7.

de fatigue, vers le temple de Jupiter-Ammon, dont Alexandre voulait consulter l'oracle.

Deux fois la colombe fut chargée par le ciel d'accompagner des colons qui abandonnaient leur patrie pour en aller en créer au loin une nouvelle, et de leur indiquer la route qu'ils devaient suivre, et l'endroit où les dieux voulaient qu'ils s'arrêtassent. — Quand les Chalcidiens [1], qui étaient originaires de l'Attique, allèrent fonder la ville de Cumes, dit Velleius Paterculus [2], leur flotte fut dirigée dans sa marche, selon les uns, par une colombe qui la précédait, et selon d'autres, par le son d'un de ces instruments d'airain qui retentissaient la nuit aux fêtes de Cérès. La ville de Cumes étant devenue, plusieurs siècles après, trop populeuse à son tour, une partie de ses habitants lui dirent adieu, et allèrent jeter les fondements de Naples. Ce fut encore une colombe qui conduisit cette émigration. Voici comment le poète Stace fait mention de ce prodige [3] :

---

[1] Habitants de la ville de Chalcis dans l'île d'Eubée, aujourd'hui Négrepont. — Cette émigration eut lieu l'an 1130 avant J.-C.

[2] Liv. I, C. 4. Cet historien naquit vers l'an 19 avant J.-C.

[3] Silv. III, 5, 58. — P. Papinius Statius, l'un des poètes les plus célèbres que Rome posséda après le beau siècle d'Auguste. Né à Naples l'an 61 de J.-C., il mourut à l'âge de 56 ans.

Nostra quoque haud propriis tenuis, nec rara colonis.
Parthenope ; cui mite solum trans æquora vectæ
Ipse Dionœâ monstravit Apollo columbâ.

(Notre chère Parthénope (c'est le nom que Naples porta dans l'origine), riche de ses enfants et non moins riche de ses colons ; Parthénope qui, flottant à travers les mers, vit une colombe de Vénus lui marquer, sous les auspices d'Apollon, cet emplacement délicieux [1]).

Le miracle dont la colombe est l'héroïne dans ces deux circonstances, ne doit pas, je pense, être rangé parmi ces nombreuses traditions populaires qui ne reposent sur aucune probabilité historique. Je suis porté à croire que les émigrants de Chalcis et de Cumes virent réellement des colombes voler devant leurs vaisseaux, et que ce prodige fut opéré, dans une intention politique, par les prêtres et les chefs qui accompagnaient les deux expéditions.

Il n'y avait pas, en effet, de moyen plus efficace pour soutenir le courage des colons au milieu des fatigues, des dangers et des pénibles privations inséparables d'une longue navigation, que d'impressionner, chaque jour, les esprits par une apparition

---

[1] Traduction de M. GUIARD.

prétendûment surnaturelle, destinée à témoigner de la protection manifeste des dieux. Ces sortes de prodiges s'opéraient d'ailleurs avec la plus grande facilité : les prêtres avaient tant de ressources à leur disposition, et la foule était si crédule, si superstitieuse, que le moindre fait tant soit peu extraordinaire, lui faisait croire sur-le-champ, que l'une ou l'autre divinité en était l'auteur.

Ensuite, il n'y avait pas de moyen plus sûr encore que celui dont je viens de parler, pour arrêter, sans murmure, les émigrants dans l'endroit que leurs chefs jugeraient le plus favorable. Sans un stratagème religieux quelconque, il eût été impossible à ces derniers, de faire agréer, sans opposition, à leurs compatriotes, telle localité plutôt que telle autre. Les contestations les plus violentes pouvaient surgir à ce sujet, et dès ce moment, le sort de la future colonie était vivement compromis. En effet, si le choix du lieu désigné pour l'emplacement de la nouvelle ville, n'obtenait pas un assentiment général, que devait-on attendre des mécontents ? N'était-il pas à craindre qu'ils ne se séparassent de la communauté, pour aller s'établir ailleurs ? — Séparation funeste qui, en partageant la colonie en deux parties, éloignées l'une de l'autre, et peut-être même rivales désormais,

pouvait entraîner la perte de toutes deux. — Que si
le côté gauche ne se portait pas à cette fatale extrémité,
sa soumission forcée à la décision de la majorité, ne
pouvait jamais amener que les suites les plus fâcheuses. Quel attachement, quelle affection pouvait-on
éprouver pour une ville naissante qu'on n'avait qu'à
regret aidé à bâtir? — Il fallait donc, à tout prix,
que l'union la plus intime régnât parmi les colons;
de cette union dépendait essentiellement la force et
la prospérité du nouvel état. Or, quelque sage,
quelqu'habile que fût la politique des pontifes et des
autres chefs, ils ne pouvaient pas se flatter, je le
répète, de contenter tout le monde. Que faire alors
pour obtenir ce résultat? Rien de plus simple; il
suffisait de recourir à l'une où l'autre de ces ruses
dont le succès était immanquable et que, du reste,
on mettait en œuvre chaque fois qu'il importait de
rendre la multitude souple et docile. Ce que l'autorité
civile n'avait pu obtenir, le pouvoir religieux se le
faisait accorder sans la moindre peine. — Un miracle
vient de s'opérer; le pontife l'interprète; la foule
s'incline; plus d'altercation, plus de plaintes, plus
de murmures; *le tour est fait; les dieux ont dit.*

Pourquoi, maintenant, parmi les merveilles sans
nombre dont les prêtres pouvaient, à volonté,

frapper les yeux peu clairvoyants de l'équipage, pourquoi, dis-je, préférèrent-ils celle de colombes servant de guides aux vaisseaux ? Une sage raison pourrait bien avoir déterminé ce choix. — S'il s'était uniquement agi, comme je viens de le dire, d'encourager les colons pendant la traversée, et de leur faire agréer ensuite, sans opposition, le lieu où leurs chefs jugeraient à propos de les fixer, tout autre stratagème augural eût également atteint ce double but ; il eût suffi, par exemple, qu'un des pontifes interrogeât les entrailles d'une victime, et déclarât ensuite que Jupiter voyait avec plaisir l'émigration, et que tel endroit était celui que ce dieu désignait. — Pourquoi donc ces colombes ? Peut-être pour rassurer les populations d'Italie, en leur faisant comprendre que ces étrangers, conduits par l'oiseau de la paix, n'arrivaient pas en usurpateurs armés, en vautours rapaces ; mais en colons pacifiques, en colombes inoffensives ; en un mot qu'ils venaient demander l'hospitalité, et non s'emparer de vive force, d'une partie des terres.

En se présentant de cette manière au millieu des villes de la péninsule, ils pouvaient espérer d'être reçus avec bienveillance. Romulus jeta les fondements de la ville éternelle, l'épée à la main ; sans doute que les fondateurs de Cumes et de Naples ne se crurent pas assez forts pour montrer autant d'audace.

Laissons ces deux cités s'élever et grandir paisiblement sur le magnifique rivage de la mer Tyrrhénienne, et voyons comment deux colombes donnèrent naissance aux deux plus célèbres oracles de toute l'antiquité; je veux parler de ceux de Dodone et d'Ammon. Il n'y avait pas, chez les Grecs et les Romains, de légende plus fameuse; aussi un grand nombre de leurs écrivains n'ont-ils pas manqué de s'en occuper. Hérodote, le plus ancien de tous, ne se contente pas de la raconter telle qu'elle avait cours parmi le peuple, telle que les prêtres thébains et les prophétesses dodonéennes la lui avaient racontée; mais, historien critique, il la dépouille de ses formes merveilleuses, pour la ramener à la probabilité d'un fait historique.

Selon les prêtres de Jupiter à Thèbes, en Égypte, deux saintes femmes avaient été emmenées de cette ville par les Phéniciens, qui les vendirent, l'une en Libye, l'autre en Grèce; et ce furent ces femmes qui, les premières, établirent les oracles dans ces pays.

La version des prêtresses de Dodone était loin d'être aussi simple : elle affirmait que deux colombes

noires, envolées de Thèbes, arrivèrent jadis l'une
en Libye et l'autre à Dodone ; que celle-ci se percha
sur un hêtre et fit entendre une voix humaine,
disant qu'il fallait établir en ce lieu un oracle de
Jupiter ; et que les habitans de Dodone, croyant
cet ordre émané du ciel, l'exécutèrent sur le champ.
La seconde colombe, qui s'était dirigée vers la Libye,
prescrivit aux Libyens d'établir l'oracle d'Ammon,
qui est aussi de Jupiter. — Tel est le récit que les
trois prêtresses grecques firent à Hérodote, et qu'il
entendit confirmer par les Dodonéens qui habitaient
autour du temple.

Cherchant à concilier ces deux traditions, *le père
de l'histoire* ajoute [1] : Pour moi, voici quel est
mon opinion. S'il est vrai que les Phéniciens aient
emmené ces femmes saintes, et en aient vendu
l'une en Libye et l'autre en Grèce, il m'est avis
que celle-ci fut vendue dans le pays actuellement
nommé Grèce, ou, comme on disait alors, Pélasgie,
et conduites chez les Thesprotes [2] qu'ensuite, pendant
son esclavage, elle fonda sous un hêtre, un sanc-
tuaire de Jupiter. Il était naturel qu'une femme attachée

---

[1] *Hist.*, Liv. II, Trad. de M. Bétant.

[2] Peuple de l'Épire occidentale.

au service de ce dieu à Thèbes, en conservât le souvenir dans le pays où elle était arrivée. Enfin, du
moment qu'elle entendit la langue grecque, elle se mit
à expliquer les oracles, et dit que sa sœur avait été
vendue en Libye par les mêmes Phéniciens qui l'avaient
vendue elle-même. Pour ce qui est du nom de colombes
que donnaient à ces femmes les Dodonéens, il vint,
je pense, de ce que leur langage leur parut res-
sembler à celui des oiseaux ; ensuite, avec le temps,
lorsque la femme prononça des sons intelligibles
pour eux, ils dirent que la colombe avait fait entendre une voix humaine ; mais tant qu'elle avait
parlé une langue barbare, elle leur avait paru ga-
zouiller comme les oiseaux. Autrement, serait-il
possible qu'une colombe prît une voix humaine ?
Enfin, en disant que la colombe était noire, ils
indiquaient clairement que cette femme était égyp-
tienne. Ajoutez que la manière de rendre les oracles
à Thèbes et à Dodone est à peu près semblable.

Le célèbre auteur du *Voyage du jeune Anacharsis
en Grèce* [1], donne une autre explication à l'histoire
des deux colombes. Dans la langue des anciens
peuples de l'Épire, dit-il, le même mot désigne une

----

[1] L'abbé Barthélemy, ch. 36.

colombe et une vieille femme. Je ne puis pas plus admettre cette opinion que celle des savants qui prétendent qu'un même mot phénicien signifiait à la fois prêtre et colombe. Mais poursuivons. Le récit des prêtres thébains et l'interprétation proposée par Hérodote, réduisaient la mystérieuse légende à un fait historique fort possible, fort raisonnable même, et c'est ce qui fit que le peuple, chez qui l'imagination l'emporte toujours sur le bon sens, n'en voulut à aucun prix. Pausanias nous apprend [1], en effet, que les Grecs de la terre ferme, les Étoliens, les Arcananiens, les Épirotes, croyaient que c'étaient de véritables colombes, et non des femmes, qui étaient venues de Thèbes dans la Grèce, et que l'oracle qui se rendait du chêne méritait plus de confiance que tous les autres.

Les deux colombes, donc, restèrent seules en possession de la gloire d'avoir fondé les oracles de Dodone et d'Ammon, et les poètes, se moquant des savants, contribuèrent avec une complaisance extrême au maintien de cette gloire, en la célébrant dans

---

[1] Erat enim illis temporibus apud ejus oræ incolas, Ætolos, et corum finitimos Arcananos et Epirotas, columbarum, quæ è quercu responsa dabant, eorum populorum fide sancita, valde inclyta fama. *Achaica sive* Lib. VII.

leurs vers. Ainsi, — fait dire Sophocle, à l'un des personnages de sa tragédie des Trachiniennes, — ainsi avait autrefois répondu l'antique chêne de la forêt de Dodone, où deux colombes rendaient des oracles.

Mais c'est surtout en Silius Italicus, poète latin du premier siècle, que nos deux colombes trouvèrent un chantre officieux. Dans son poème sur la seconde guerre punique, Silius raconte que le Carthaginois Bostar alla consulter l'oracle de Jupiter Ammon, et que le prêtre Arisbas lui parla en ces termes : — O Bostar ! adore avec humilité les ombres de ces bois, ces cîmes qui s'élèvent aux cieux, et ce bocage que visite Jupiter. Eh ! qui n'a pas entendu parler des dons du maître des dieux et de ces deux colombes qui vînrent se reposer sur les murs de Thèbes ? L'une d'elles dirigea son vol vers la Chaonie [1], et y remplit le chêne de Dodone de l'esprit sacré qui s'y fait entendre ; l'autre, porté au-dessus de la mer de Carpathos, fendit les airs de ses ailes mouchetées de blanc, et s'arrêta chez les Libyens, qui lui ressemblaient par leur couleur brune. C'est cet oiseau de Vénus qui établit le siége de l'oracle. Dans cet endroit où tu vois maintenant des autels et ce sombre bocage, la

---

[1] Contrée de l'Épire, au nord de la Thesprotie.

divine colombe, — ô prodige ! — arrêta son choix sur le chef d'un troupeau ; et se fixant elle-même entre les deux cornes du quadrupède à la longue laine, elle rendait les réponses des dieux aux peuples de la Marmarique [1]. Bientôt sortit, comme par enchantement, du sein de la terre, un bois de chênes robustes, aussi vastes, dès le premier jour, que ceux qui s'élèvent maintenant au plus haut des airs. De là le respect religieux de nos ancêtres pour des arbres qui récèlent la divinité, et où elle reçoit les adorations sur des autels fumants » [2].

Enfin, une preuve encore de la célébrité que ces colombes s'étaient universellement acquise, c'est que,

[1] Partie Nord-Est du désert de Barca.

[2] Nam cui dona Jovis non divulgata per orbem,
In gremio Thebes geminas sedisse columbas ?
Quarum, Chaonias pennis quæ contigit oras,
Implet fatidico Dodonida murmure quercum.
At quæ, Carpathium super æquor vecta, per auras
In Libyen niveis tranavit concolor alis,
Hanc sedem templo Cythereia condidit ales.
Hîc ubi nunc aram lucosque videtis opacos,
Ductore electo gregis (admirabile dictu !)
Lanigeri capitis media inter cornua perstans
Marmaricis ales populis responsa canebat.
Mox subitum nemus atque annoso robore lucus
Exsiluit ; qualesque premunt nunc sidera quercus,
A primâ venere die : prisco indè pavore
Arbor numen habet, coliturque tepentibus aris ».
De Bello punico, lib. III. — *Traduction de* M. KERMOYSAN.

parmi les soixante-seize peintures qui ornaient autrefois le portique de Naples, il y en avait une, représentant le chêne fatidique de Dodone, avec sa colombe. Le rhéteur grec Philostrate, qui vivait au troisième siècle, nous a laissé une description curieuse de tous ces tableaux ; voici ce qu'il rapporte de celui dont nous nous occupons. — La colombe d'or est encore sur ce chêne ; elle est habile dans l'art de prédire l'avenir : c'est Jupiter qui lui inspire les oracles qu'elle rend..... Des Thébains dansent autour du chêne pour se rendre favorable cet arbre prophétique, comme je pense, parce que c'est là que l'oiseau a été pris [1].

On voit d'après Philostrate, que la colombe dodonéenne était d'or ; *chrysé peleia, chrusén ornin,* dit-il : mais un traducteur et commentateur de cet écrivain, M. Blaise de Vigenère [2], fait remarquer avec raison que *chrysos* est une épithète prise ordinairement (il eût mieux fait de dire *quelquefois*) au lieu de *kalos, beau, agréable.* C'est dans ce sens que Pindare l'applique aux voluptés, et Anacréon à Vénus,

---

[1] Les images aux tableaux de platte peinture des deux Philostrates, etc., mis en français par Blaise de Vigenère, etc., Paris, 1637.

[2] Né en 1523, mort en 1592 ; il a traduit plusieurs auteurs grecs et latins : on lui doit aussi la première traduction du Tasse.

chrysé Aphrodité. — Virgile a probablement emprunté cette expression aux poètes grecs, pour en enrichir la langue latine : *at non Venus* AUREA *contra...., pauca refert*, dit-il, dans le Xe livre de son Énéide.

Après avoir précisé la vraie signification du mot *chrusos*, M. Blaise de Vigenère se met à expliquer l'oracle de Dodone lui-même, et il trouve que le sens allégorique en est *tout apert*, comme il s'exprime [1]. Il y a de bienheureux savants qui ne sont jamais embarrassés : *ô fortunati nimium !*.....

Voici comment M. de Vigenère s'y prend pour nous dévoiler les mystères de Dodone : « Le Pigeon, le chesne et le chaudron d'airain, nous représentent les trois genres des composez, esquels consistent toutes creatures elementaires : l'animal, vegetal et mineral, qui tesmoignent les faicts du haut Dieu... Quant au chesne, il a de tout temps et ancienneté esté dedié à Jupiter. Quant à la colombe, quelques-uns pensent que ce soit, parce que Jupiter, selon Élien, étant amoureux d'une damoiselle, appelée Phthia, se transmua en une colombe. Ou bien que luy estant mystiquement pris pour l'air, la colombe l'était aussi ; à cause que de tous les oyseaux, lesquels

---

[1] Du latin *apertus*, *ouvert*, c'est-à-dire *clair*, *évident*.

à la vérité sont une marque et indice de cet élement où ils vivent, il n'y en a point entre les domestiques qui aient meilleure aisle, ne *(ni)* qui vole plus loing, et s'absente plus longuement que fait le pigeon..... Au moyen de quoi les Assyriens la souloient reverer comme pour un symbole de l'air, d'où proviennent les pluies ; et s'abstenoient d'en manger fort religieusement. »

Le rapport qui existe entre un *chaudron d'airain* et le régne minéral a, sans doute, paru trop *apert* à M. de Vigenère, pour qu'il ait cru nécessaire d'en occuper le lecteur ; aussi ne fait-il aucun commentaire sur cet instrument dont les trois prêtresses de Jupiter se servaient encore pour interroger et connaître l'avenir [1].

En parlant des Hébreux, j'ai dit que les colombes, les tourterelles et les passereaux d'une espèce déterminée, étaient les seuls oiseaux auxquels la loi de Moïse accordât le triste privilége d'être immolés au Seigneur. Voici quelques détails, sur les formalités que le sacrificateur devait observer en mettant ces pauvres petits oiseaux à mort [2].

---

[1] On sait que ces prophétesses interprétaient le bruissement des branches de l'arbre sacré, le chant des colombes cachées dans son feuillage, et le son rendu par des vases de cuivre suspendus à ses rameaux.

[2] Voyez le LÉVITIQUE, *passim*.

L'hostie était offerte à l'autel ; le prêtre lui tournait avec violence la tête en arrière sur le cou, et lui faisait une ouverture et une plaie, par laquelle il faisait couler le sang sur le bord de l'autel. La petite vessie du gosier (c'est-à-dire le *jabot*, comme l'appelle dom Calmet) et les plumes étaient jetées auprès de l'autel, du côté de l'Orient, au lieu où l'on avait coutume de jeter les cendres. Il lui rompait ensuite les ailes sans les couper, et sans diviser l'hostie avec le fer, et la brûlait sur l'autel, après avoir mis le feu sous le bois.

Si un homme, ayant juré et prononcé de ses lèvres, et confirmé par serment et par sa parole, qu'il ferait quelque chose de bien ou de mal, l'oubliait ensuite, et qu'après cela il se ressouvint de sa faute, il était obligé de faire pénitence pour son péché. Il prenait [1] dans les troupeaux, une jeune brebis ou une chèvre, qu'il offrait ; et le prêtre priait pour lui et pour son péché. S'il n'avait pas le moyen d'acheter un de ces animaux, il pouvait se contenter d'offrir au Seigneur deux tourterelles ou deux jeunes colombes [2],

---

[1] Lév. ch. V, v. 6 et 7.

[2] Dom CALMET remarque, *(Dict. de la Bible*, art. *Colombe)* qu'il n'importait, peut-être, de quel âge fussent les colombes qu'on sacrifiait ; car *pullus columbæ* peut, selon lui, signifier ou un pigeon en général, ou un jeune pigeon.

l'un pour le péché, et l'autre en holocauste. — Le coupable repentant remettait ces deux oiseaux au sacrificateur, lequel, immolant le premier pour le péché, lui faisait retourner la tête du côté des ailes, en sorte toutefois qu'elle restât attachée au cou, et qu'elle n'en fût point tout à fait arrachée. Il faisait ensuite l'aspersion du sang de la victime sur les côtés de l'autel, et en faisait distiller tout le reste au pied, parce que c'était pour le péché. Il brûlait la seconde colombe, et en faisait un holocauste, selon la coutume ; il priait pour le coupable et pour son péché, et le péché était pardonné.

Dans le chapitre XII du Lévitique, il est parlé de la purification à laquelle une femme était soumise après avoir mis un enfant au monde. Lorsque le nombre des jours déterminés par la loi, s'était écoulé depuis celui de sa couche, la femme portait à l'entrée du tabernacle du témoignage un agneau d'un an pour être offert en holocauste, et pour le péché, le petit d'une colombe, ou une tourterelle, qu'elle donnait au prêtre. Celui-ci les offrait devant le Seigneur, et priait pour la mère qui était ainsi purifiée. Si la femme ne trouvait pas le moyen de pouvoir offrir un agneau, il lui était permis de le remplacer, soit par une tourterelle, soit par un petit de colombe.

C'est pour satisfaire à cette disposition de la loi de Moïse, que la Sainte Vierge se rendit de Bethléem à Jérusalem ; et comme elle était pauvre, elle offrit deux tourterelles ou deux jeunes pigeons dans le temple [1].

Le Lévitique mentionne plusieurs autres cas encore dans lesquels des colombes devaient être sacrifiées au Seigneur ; mais ce serait ennuyer le lecteur, je pense, que de les énumérer ici ; j'aime mieux l'inviter à s'éloigner maintenant du temple de Jérusalem, et de ceux de Jupiter, et à me suivre au milieu des demeures des simples mortels, à l'histoire sociale desquels notre oiseau n'appartient pas d'une manière moins intime qu'aux légendes poétiques des dieux de l'Olympe.

[1] *Évang. de St-Luc*, ch 2 , v. 22 et 24.

CHAPITRE IV.

Origine de la domesticité du pigeon.

J'ai dit ailleurs que l'histoire de notre oiseau remonte à la formation des sociétés : elle va même au-delà de cette époque, car elle se rattache aussi au déluge. On sait qu'après avoir flotté pendant plusieurs mois sur l'immense abîme qui venait d'engloutir toute la race humaine, moins une seule famille, l'arche se reposa enfin sur la cime d'une montagne de l'Arménie, l'Ararat, à ce que l'on présume. Quarante jours s'étant écoulés depuis ce moment, Noé, impatient de savoir à quel point les eaux couvraient encore la terre, ouvrit la fenêtre de l'arche et lâcha un corbeau [1]. Celui-ci, séduit par l'appat des horribles festins qui s'offraient partout à sa hideuse gloutonnerie, oublia aussitôt l'asile paisible où il avait trouvé abondance et sécurité, au milieu de la destruction universelle des êtres vivants. Noé l'attendit vainement pendant sept jours, et désespérant alors de le revoir jamais, il donna la volée à une colombe.

(Tiré d'un MISSALE ROMANUM, imprimé à Venise en 1504.)

L'aimable messagère, n'ayant pu trouver où poser le pied, parce que la terre était encore toute couverte d'eau et d'une boue immonde dont elle craignait de souiller son joli plumage, retourna vers Noé, qui étendit la main, la prit et la remit dans l'arche.

[1] Voyez la *Genèse*, ch. VIII.

Mais, dit, dans sa *Semaine*, Du Bartas, *le prince des poëtes françois* [1],

> Mais sept fois par le ciel Phœbus n'a fait la ronde,
> Qu'elle reprend le vol pour espier le monde.
> Et rapporte à la fin en son bec un rameau
> D'olivier pasle-gris, encor mi-couvert d'eau.

A cet heureux présage, Noé reconnut que les eaux s'étaient enfin retirées : cependant, voulant agir avec toute la prudence que commandaient les circonstances, il attendit sept jours encore, au bout desquels il fit partir une troisième fois sa fidèle exploratrice ; mais elle ne retourna plus à l'arche, et Noé comprit ainsi que tout danger avait enfin disparu.

Aux yeux d'un pieux écrivain du moyen âge, dont j'ai oublié le nom, le récit de Moïse ne contient pas seulement un fait historique, mais encore une allégorie touchante. — Voyez, dit-il, ce vilain oiseau au noir plumage : à peine sorti de l'arche, il ne se

---

[1] Du Bartas naquit en 1544 et mourut en 1590. Le plus connu de ses ouvrages est *La Semaine de la création*. La vogue de ce poëme, oublié et devenu fort rare aujourd'hui, fut extraordinaire ; il en parut plus de 30 éditions en 6 ans. C'est dans le titre de celle de 1632, imprimée à Genève, qu'on l'appelle *le prince des poëtes françois*. — Le Cid parut en 1636. Qu'on juge, en rapprochant ces deux dates, des progrès, vraiment merveilleux, que Corneille fit faire à la poésie française.

souvient déjà plus, ni de l'hospitalité qu'il y reçut, ni des soins affectueux que Noé lui a prodigués : il s'abandonne sans la moindre retenue à toutes les impulsions de sa dégoutante voracité. Ce malheureux corbeau est l'image du pécheur ingrat qui chasse de son cœur le souvenir des bienfaits dont Dieu l'a comblé, pour se livrer au débordement des passions les plus grossières. La colombe, au contraire, nous représente le chrétien fidèlement attaché à la loi du Seigneur, loi sainte, pure, éternelle, qui lui ouvre un refuge assuré au milieu des grandes eaux des vices de ce monde, et dont l'arche était le frappant symbole.

Quoiqu'il en soit, il est certain que dans tous les temps, le corbeau et la colombe ont été regardés, l'un, comme l'emblême de l'ingratitude, de la trahison ; l'autre, comme celui de la fidélité. Témoin ce comte de Vermandois qui figura dans la première croisade. Ce prince avait été envoyé en ambassade à Constantinople, par les chefs de l'armée chrétienne. Arrivé dans cette ville, non-seulement il oublia les soldats du Christ, mais il ne daigna pas même leur rendre compte de sa mission : bien plus, lâche autant que perfide, il prit la honteuse résolution de retourner en Occident ; mais là sa désertion trouva sa juste récompense : on ne l'appela plus dans la suite que du surnom flétrissant de *corbeau de l'arche* [1].

Venons maintenant à l'origine de la domesticité du pigeon.

M. de Buffon pense que les oiseaux pesants, tels que les coqs, les dindons et les paons, ont été réduits sans peine à l'état domestique ; mais que ceux qui sont légers et dont le vol est rapide, — le pigeon par conséquent, — ont demandé plus d'art pour être subjugués [2]. Je demande pardon d'oser émettre une opinion contraire à celle de l'illustre naturaliste ; mais je crois, au contraire, que c'est au pigeon que l'homme a construit tout d'abord un abri tutélaire auprès de son habitation. — Voyons en effet, ce qui a dû se passer entre les descendants de Noé et ceux des animaux qui avaient été renfermés dans l'arche, pendant le déluge, lorsque les uns et les autres, repeuplant peu à peu la terre, les premiers se virent forcés d'engager une rude et périlleuse lutte avec ces mille espèces différentes de quadrupèdes et d'oiseaux, dangereux ou incommodes, qui remplissaient le ciel, les plaines, les foréts et les montagnes.

[1] MICHAUD, *Hist. des Crois.*, liv. III.
[2] *Hist. Nat.*, art. *Pigeon.*

Au point de vue de cette lutte, on peut, me semble-t-il, diviser les animaux en trois classes.

La première comprend ceux à qui un instinct indomptable de férocité, un besoin incessant de carnage, fera toujours repousser toute alliance paisible avec l'homme. Doués de forces terribles, et que l'audace et la faim décuplent encore ; armés de griffes ou de serres puissantes, de dents ou d'un bec acérés, ils ne respirent que le combat. Pas un seul jour de leur existence ne s'écoule, qu'ils ne souillent de sang leur fourrure ou leur plumage. A défaut de meurtres faciles, c'est à un duel à **mort** qu'ils provoquent le premier ennemi venu, quelque redoutable qu'il soit : pour vivre, en un mot, il faut qu'ils tuent.

A mesure que le genre humain s'étendit sur la surface du globe, il refoula, il est vrai, devant lui, ces despotes des airs et de la terre ; mais ce fut là le seul succès qu'il obtint sur eux. Le lion, le tigre, la panthère, l'ours, le loup, le chacal, l'hyène, l'aigle, le vautour, virent peu à peu se rétrécir leur domaine, mais ils n'en conservèrent pas moins toute leur fierté et toute leur indépendance primitives.

A ces éternels antagonistes de la vie sociale, on peut comparer les tribus anthropophages que renferment quelques îles de l'Océanie, celles de la Nouvelle-Calédonie et de la Nouvelle-Zélande, par exemple.

Comme au tigre et au vautour, il faut à ces malheureuses peuplades le combat de chaque jour, au fond de leurs sombres forêts. — Parlez-leur des sources fécondes de prospérité et de bonheur dont jouissent les états civilisés de l'Europe ; elles vous prendront en pitié : que peuvent à leurs yeux valoir ces avantages paisibles, comparés à la joie qu'elles éprouvent à scalper un ennemi, à faire expirer un prisonnier de guerre dans les supplices les plus atroces, et à dévorer ses chairs toutes palpitantes encore ?.....

Mais éloignons-nous promptement de ces êtres qu'une inexplicable dégradation a réduits à l'état des brutes, et passons à la seconde de nos trois classes. — C'est celle des animaux qui, après avoir résisté quelque temps aux attaques et aux efforts intelligents de l'homme, reconnurent enfin sa supériorité, et se résignèrent à la soumission. Ces animaux furent vaincus, mais non pas domptés à tout jamais : ils devinrent les serviteurs de l'homme, non ses esclaves. Ils ne lui reconnaissent d'autres droits que ceux d'un maître juste et humain. Une preuve incontestable de ce sentiment de dignité que leur inspire encore aujourd'hui, le souvenir de leur libre origine c'est l'indignation et la fureur qui éclatent en eux, lorsqu'on leur fait éprouver une cruelle dureté. Vassaux révoltés, ils se vengent sur un suzerain tyrannique, dût cette vengeance leur coûter la vie.

Que de fois n'a-t-on pas vu des exemples terribles du ressentiment que les mauvais traitements excitent dans les chevaux et dans les chiens ?

Voici une anecdote rapportée, il y a quelque temps, par les journaux. Le cheval d'un meunier nommé Flamin, près Saint-Amour (Jura), était souvent battu rudement par son maître et se montrait mal disposé pour lui ; il était au contraire assez docile envers le domestique qui se comportait avec plus de douceur. Il y a quelques jours ce cheval, qui avait encore été maltraité le matin et qui avait l'habitude de mordre, fut repris par le maître qui voulut l'atteler. Le cheval résista longtemps ; le maître s'acharna à le frapper ; enfin le cheval s'élance sur lui, le soulève par le bras, le porte dans une écurie, le froisse et lui enlève à belles dents une partie des chairs ; Flamin parvint à retirer son bras déchiré ; mais l'autre fut aussitôt mordu et littéralement broyé. Sa femme veut le défendre ; elle est renversée ; un charpentier, père de sept enfants, accourt ; le cheval le mord et lui enlève le pouce. On parvint cependant à l'atteler, et le jour même il continua son service. Mais par mesure de prudence, il fut abattu le lendemain de cette vengeance.

Moi-même, j'ai vu un jour un chien que son maître, emporté par la boisson, s'était mis à frapper sans motif fondé, se jetter avec tant de fureur sur son bourreau, qu'il l'eût infailliblement mis en pièces, sans l'intervention de plusieurs personnes. Ce chien avait pourtant été jusqu'à ce jour, un modèle accompli de douceur, de patience et de dévouement.

Un abus de pouvoir de notre part n'exaspère pas seulement ceux des animaux de cette classe, dont les forces peuvent se mesurer avec celles de l'homme ; il produit encore le même effet sur ceux qui n'ont, pour ainsi dire, aucune défense à nous opposer. Si ces malheureux ne se livrent point, lorsqu'on les maltraite, aux accès d'une colère qu'ils savent être impuissante, ils n'en conçoivent et n'en gardent pas moins pour leur maître barbare, un dégoût et une haine que rien ne peut plus dissiper dans la suite.

Qu'on me permette de raconter ici, à l'appui de cette assertion, un fait dont j'ai été témoin oculaire. J'ai connu pendant tout un an, un charmant épagneul que, dans un moment de vivacité, sa maîtresse avait frappé avec une rigueur d'autant moins excusable que le châtiment n'était point mérité. Le pauvre petit animal montra, en apparence, une résignation stoïque ; mais depuis ce moment il s'opéra en lui un changement presqu'incroyable. Jusqu'alors il avait été d'une gaieté incessante, sautillant du matin au soir, caressant tout le monde. La fatale punition le rendit tout à coup morose, languissant, indifférent à tout : il était facile de voir que le souvenir de l'injustice dont il avait été victime, le poursuivait, le torturait sans cesse.

Désirant à tout prix réparer le tort qu'elle avait eu envers lui, sa maîtresse l'accablait de bontés, le prenait à chaque instant sur ses genoux, lui présentait toutes sortes de friandises. Prévenances inutiles ! Il recevait les caresses sans y faire attention ; il cherchait même à s'y dérober, comme si elles lui étaient pénibles. Quant aux friandises, dont pourtant il avait été si avide autrefois, il ne daignait pas même les regarder. Toujours chagrin et taciturne en présence de celle qu'il ne pouvait plus aimer, il se ranimait quelquefois quand elle n'était pas là ; mais il était évident que ces élans momentanés ne venaient pas du cœur. La vie n'avait plus aucun charme pour lui : il ne prenait un peu de

nourriture que quand une irrésistible faim l'y forçait : aussi, la pauvre bête était-elle devenue d'une
maigreur effrayante. Le chagrin l'emporta enfin au
bout d'un an, après dix jours de souffrances aigues,
pendant lesquelles il persista à repousser jusqu'au
dernier moment, les soins assidus que sa maîtresse
lui prodiguait.

Ainsi donc les animaux de cette seconde classe,
à laquelle, outre le cheval et le chien, appartiennent
encore l'éléphant [1], le bœuf, l'âne, la renne, l'au-
truche, etc., n'ont pas, en se soumettant à l'homme,
accepté une lâche servitude, mais stipulé, en quelque
sorte, une capitulation en vertu de laquelle ils seraient
gouvernés avec cette douceur et cette équité qu'un
conquérant généreux doit au vaincu.

Leur condition sociale parmi nous, est tout-à-fait
semblable à celle que les habitants de la ville de
Priverne réclamèrent auprès des Romains. — Après
avoir lutté longtemps contre le peuple-roi, ils furent
enfin défaits et subjugués par le consul Plautius. —
Si nous vous pardonnons, demanda celui-ci aux prisonniers tombés en son pouvoir, comment votre

---

[1] Qui de nous ne connait pas les traits nombreux de vengeance
exercés par des éléphants sur les maîtres dont ils avaient à se
plaindre ?

nation se conduira-t-elle ? — Notre conduite, lui répliqua courageusement l'un de ces malheureux, dépendra entièrement de la vôtre. Si vous nous traitez avec justice, nous demeurerons fidèles ; que si vous nous imposez des conditions dures et injurieuses, notre fidélité ne sera pas de longue durée. — Cette fière et noble réponse plût si fort aux vainqueurs, qu'ils jugèrent les Privernates dignes de devenir Romains, et leur accordèrent le droit de bourgeoisie.

La troisième classe, enfin, est celle des oiseaux et quadrupèdes que Dieu a créés tout exprès pour vivre au milieu de nous : tels sont, les brebis, les chèvres, les oies, les canards, les poules et les pigeons. Sans moyen de défense contre leurs formidables ennemis, ils rappellent ces peuples qui, trop faibles pour repousser l'aggression toujours menaçante de puissants voisins, se mettaient volontairement sous la protection des Romains, et jouissaient ainsi d'une sécurité achetée au prix d'une partie de leur indépendance.

De tous les oiseaux de cette classe, le pigeon, je le repète, est, bien probablement, le premier qui soit devenu l'hôte de l'homme, avantage dont M. de Buffon, — nous le savons déjà, — accorde la priorité aux oiseaux pesants.

La difficulté de réduire les pigeons à l'état domestique, paraît au célèbre naturaliste avoir dû être
d'autant plus grande, que ce ne sont, d'après lui,
que des *captifs volontaires,* des *hôtes fugitifs,* qui ne
tiennent dans le logement qu'on leur offre, qu'autant
qu'ils s'y plaisent, autant qu'ils y trouvent la nourriture abondante, le gîte agréable et toutes les com-
modités, toutes les aisances nécessaires à la vie [1].

Certes, le portrait n'est pas flatté ; mais heureusement pour la colombe, ce portrait n'est pas le
sien. Il n'y a pas d'oiseau moins parasite, moins
exigeant, moins égoïste : tout le monde sait de quel
dévouement sublime le rend capable l'attachement
qu'il a pour son gîte, attachement qu'il ne perd
jamais.

Cette affection du pigeon pour son colombier est
un effet providentiel. Il est dans la nature des êtres
faibles de chercher, de se construire les retraites
les plus cachées, pour se dérober aux poursuites
incessantes de leurs ennemis : c'est au fond des
forêts, c'est dans des demeures souteraines que le
lièvre, le lapin et la taupe se réfugient. Mais la malheureuse colombe, où pourrait-elle trouver un asile,

[1] *Histoire Naturelle,* art. *Pigeon.*

si l'homme ne lui en ouvrait un ? C'est une pauvre proscrite sur la terre et dans le ciel ; la liberté, pour elle, est un don funeste : loin d'un toit protecteur, sa vie entière se passe en de continuels dangers, en d'éternelles angoisses. Rien n'est timide comme la colombe, dit Varron [1], et on le conçoit sans peine, quand on songe que l'aigle, l'épervier, le vautour, le corbeau, la fouine, le serpent, le rat, le lézard, sont autant d'ennemis qui la guettent nuit et jour, elle et sa jeune famille.

Quand donc les premiers habitants de la terre chassèrent loin de leurs cabanes et de leurs champs cultivés, les animaux nuisibles dont j'ai parlé plus haut, ils procurèrent ainsi, au milieu d'eux, à la colombe, une sécurité qu'elle n'avait point connue jusqu'alors, et qu'elle eût en vain cherchée partout ailleurs. Eh ! n'est-il pas évident qu'elle a dû s'empresser de venir jouir de cet inappréciable bienfait, et que loin de se montrer volontaire, exigeante, capricieuse, toujours prête à fuir, elle a dû, bien plutôt prendre tout de suite en affection et son gîte et l'homme lui-même devenu son sauveur ? — C'est un fait connu que les pigeons aiment le séjour

---

[1] *De re rustica,* lib. III, c. 7.

des villes. Dans les lieux solitaires ou peu fréquentés, dit Élien [1], les colombes s'enfuient à l'approche des hommes, parce qu'elles ne s'y attendent pas. Dans les endroits très-peuplés, elles sont plus hardies, plus confiantes : elles savent bien qu'elles n'y ont rien à craindre. — Dans les villes, dit encore cet écrivain [2] les colombes vivent en foule avec les hommes, et c'est avec la plus grande douceur et la plus grande familiarité qu'elles viennent jouer çà et là à leurs pieds.

Cet abandon spontané que notre oiseau fait d'une partie de sa liberté, lui est donc inspiré par une nécessité impérieuse : l'instinct de sa propre conservation, ainsi que l'extrême tendresse qu'il a pour sa femelle et pour ses petits, l'y forcent, et c'est à ces deux puissants mobiles qu'on doit attribuer principalement la promptitude et la fidélité merveilleuses, avec lesquelles il revient toujours à son colombier. L'affection qu'il voue à sa famille, a excité l'admiration de tous les naturalistes, et non sans raison, car ce sentiment va chez lui jusqu'à l'héroïsme.

Deux cents lieues le séparent des objets de son amour : eh bien ! d'un vol rapide il traverse l'immense

[1] *De Animal. nat.*, lib. III, c. 25.
[2] Ibid. III, 15.

espace, bravant les oiseaux de proie, qu'il est presque certain de rencontrer sur sa route ; bravant la faim, la soif, les froids les plus rigoureux, les chaleurs les plus violentes, les vents, la pluie, la foudre ; rien ne peut l'arrêter, ni dangers, ni fatigues. On a vu des pigeons, exténués de lassitude et de faim, mourir en rentrant dans leur colombier. — Et cependant, durant ces longues et périlleuses courses, le fidèle oiseau rencontre une multitude de refuges où règne l'abondance, et où il serait le bien-venu. Mais non, il songe à sa famille affligée de son absence ; il est impatient de la rassurer, de la rendre à la joie. Pour elle, il affronte le vautour et la tempête ; pour elle encore il sait résister aux séductions, si attrayantes pourtant, qui se présentent partout à lui.

Et maintenant, je le demande à tout lecteur impartial, peut-on appeler *hôtes fugitifs, captifs volontaires,* des oiseaux qu'anime un si noble dévouement ? Je ne m'arrêterai pas d'avantage sur ce point : dans un autre chapitre de ce volume, je rapporterai plusieurs faits historiques qui prouveront bien mieux que les plus longs raisonnements, combien sont injustes les qualifications déshonorables données au pigeon par le Pline français.

Si la colombe est venue d'elle-même chercher un refuge au milieu des hommes, comme on n'en saurait douter, il n'y a pas de doute, non plus, que ceux-ci ne lui aient fait aussitôt un accueil empressé et amical. Elle a toujours été chère, et l'est encore à tous les peuples ; comment aurait-elle pu ne l'être pas aux premiers habitants de la terre ?

CHAPITRE V.

La colombe chez les Hébreux, les
Grecs et les Romains.

C'est chez les Hébreux
qu'on trouve les traces historiques les plus anciennes de la
domesticité de la colombe. Comme
le fait très-bien observer dom Calmet [1], il eût été difficile aux personnes
venues de loin à Jérusalem, d'apporter avec elles les pigeons qu'elles
voulaient offrir au Seigneur. Les prêtres donc permettaient de vendre de ces oiseaux dans le parvis

____

[1] *Dictionn. de la Bible*, Art. *Colombe.*

du lieu saint ; profanation que le Sauveur ne put souffrir : on sait qu'étant un jour entré dans le temple, il en chassa tous ceux qui y faisaient trafic de colombes.

La domesticité des colombes chez les Israélites, doit avoir précédé de longtemps l'époque où Moïse leur donna sa législation ; il est évident, en effet, qu'il ne pouvait ordonner le sacrifice de colombes qu'à un peuple qui fût à même de s'en procurer sans peine. Et comme il ne se passait pas de jour qu'on n'en immolât dans le temple, ainsi qu'on peut s'en convaincre en lisant le Lévitique, il est certain que les Hébreux devaient trouver dans l'élève de ces oiseaux, une ressource commerciale très-productive. Aussi leurs colombiers et les hôtes de ceux-ci, jouissaient-ils d'une grande protection. Il était défendu de prendre des pigeons dans un espace de trente stades des colombiers, distance que les rabbins fixent à quatre milles, et que quelques-uns font plus grande encore. Cette défense n'était fondée ni sur la loi sacrée et civile des Hébreux, ni sur la loi naturelle, mais sur les usages établis par leurs ancêtres [1].

Ceux qui volaient des pigeons, en les attirant, par

---

[1] Voyez le *Thesaurus practicus* CHRISTOPHORI BESOLDI, etc., cum additionibus C. H. DIETHERNS ; Norimbergæ 1679.

des moyens frauduleux, des colombiers des autres dans les leurs, étaient honteusement exclus de l'entrée du Sanhedrin [1].

Les Hébreux se sont-ils servis de colombes pour porter au loin des messages ? Cela paraît hors de doute quand on pense qu'ils faisaient chaque jour l'expérience de l'admirable instinct qui ramène si fidèlement le pigeon vers son gîte ; cependant on ne trouve pas, que je sache, dans leur histoire, un seul exemple de pigeon voyageur.

Que cette faculté merveilleuse de notre oiseau a été mise à profit par les Grecs, c'est ce que prouve à l'évidence le gracieux et suave petit poème d'Anacréon, intitulé *eis peristeran*. — Bien que ce morceau ait été traduit maintefois en vers, j'aime mieux le reproduire ici en prose et littéralement, afin d'en donner une idée plus exacte aux lecteurs qui n'entendent point la langue du chantre de Bathylle.

« Aimable colombe, d'où, d'où voles-tu ? D'où, courant dans l'air, exhales et répands-tu, goutte à goutte, tant de parfums ? Qui es-tu ? Qu'est-ce qui t'occupe ?

— Anacréon m'a envoyé vers un enfant, vers

---

[1] Le Sanhedrin, — mot corrompu du grec *Synedrion*, — était le conseil suprême, le sénat des Juifs : il était composé des 70 ou 72 des principaux de la nation.

Bathylle qui maintenant est le maître de tous. La déesse de Cythère m'a vendue pour une pièce de vers composée en son honneur. Je sers Anacréon et porte ses lettres à Bathylle. En ce moment, comme tu vois, je porte ses lettres. Il dit qu'il me rendra libre aussitôt : pour moi, quand même il voudrait me mettre en liberté, je resterais esclave chez lui : car pourquoi me faut-il voler sur les montagnes et dans les champs, et me percher sur des arbres, mangeant quelque chose de sauvage ? Maintenant je mange du pain que j'enlève des mains d'Anacréon lui-même : il me donne à boire le vin dont il a bu le premier. Ayant bu, je danse et j'ombrage mon maître de mes ailes. Voulant goûter le sommeil, je m'endors sur

sa lyre même. Tu sais tout : retire-toi, homme, tu

m'a rendue plus babillarde même qu'une corneille [1].

On voit, par ce délicieux petit chef-d'œuvre, que les Grecs portaient bien plus loin que nous l'éducation de la colombe ; que non-seulement elle servait, comme aujourd'hui, de messagère, mais qu'elle était encore admise dans l'intérieur des maisons et y jouissait de la plus grande intimité.

Remarquons ensuite qu'Anacréon, qui vivait cinq siècles avant notre ère, parle de la mission dont il charge l'oiseau de Vénus, comme de la chose du monde la plus simple, la plus ordinaire ; preuve que

---

[1] Le lecteur ne sera pas faché, je pense, de retrouver ici une des meilleures traductions en vers qui aient été faites de ce morceau : elle est due à M. Veïssier Descombes.

LA COLOMBE ET LE PASSANT.
D'où viens tu, colombe timide ?
D'où vient ce parfum précieux
Que ton aile, en son vol rapide,
Exhale et répand dans les cieux ?
Loin de ces bords quel soin te guide ?
LA COLOMBE.
Soumise aux lois d'Anacréon,
Je vais, messagère docile,
Vers cet enfant, vers ce Bathylle,
Qui partout fait régner son nom
De la déesse de Cythère
Anacréon m'obtint naguère
Au prix d'une courte chanson.
Depuis je le sers sans partage.
Vois-tu bien ce billet d'amour ?
De lui c'est un nouveau message.
Il veut, dit-il, à mon retour,
M'affranchir de mon esclavage...
Il le ferait, que sous ses lois,

Je serais toujours sa compagne.
Pourquoi voler dans la campagne,
Sur les monts, au milieu des bois ?...
Est-ce donc pour un fruit sauvage,
Ou quelque abri sous le feuillage ?...
Ah ! combien mon nouveau destin
Aujourd'hui me plaît davantage !
J'ose même ravir le pain
Qu'Anacréon tient dans sa main.
A-t-il bu, sa coupe dorée
M'offre aussi la douce liqueur,
Et, quand je suis désaltérée,
Me jouant sur mon bienfaiteur,
De mes deux ailes je l'ombrage.
Si, dans ce léger badinage,
Le repos m'offre sa douceur,
Sur le luth même je sommeille.
Tu sais tout ; adieu, voyageur ;
J'ai plus jasé qu'une corneille.

de son temps, et même bien avant lui, la colombe était employée à transmettre des communications écrites.

Les Grecs ont-ils eu recours à elle dans de grandes circonstances ? C'est ce dont on ne saurait douter, bien que leurs historiens, non plus que ceux des Hébreux, n'en fassent aucune mention. — Aristote ne parle du pigeon qu'en naturaliste, mêlant d'ailleurs sans la moindre critique, aux observations exactes que, peut-être, il avait faites lui-même, les croyances les plus absurdes qu'il trouva accréditées parmi le peuple. Qu'on en juge par ces lignes, que mes lecteurs colombophiles ne liront pas sans intérêt, je crois, quand ils sauront qu'elles ont été écrites, il y a plus de 2,000 ans, par le plus célèbre philosophe de l'antiquité, par le précepteur d'Alexandre-le-Grand.

« En général, dit cet écrivain [1], il y a une grande ressemblance entre la manière de vivre des animaux et celle des hommes, et l'on remarque plus d'intelligence dans les petites espèces que dans les grandes. — Puis, après avoir parlé des hirondelles, il continue ainsi au sujet des colombes. « Ces oiseaux ne veulent

___

[1] *Hist. anim.,* lib. IX., c. 7.

pas vivre et s'accoupler avec plusieurs : nul ne renonce à l'union commencée dès sa naissance, à moins qu'il ne soit célibataire ou veuf. Quand la femelle pond, le mâle l'assiste et pourvoit à tous ses besoins. Souvent même, quand la femelle est trop paresseuse à soigner ses petits, le mâle la frappe et la force d'entrer dans le nid. Lorsque les petits sont éclos, la femelle, après avoir mâché une terre salée, l'introduit dans leur bec, et les prépare ainsi à recevoir les aliments. Plus tard, quand le temps de sortir du nid est venu, le mâle les conduit. L'attachement que celui-ci et la femelle ont l'un pour l'autre est, en général, réciproque. Toutefois il arrive que quelques-uns, même de ceux qui sont accouplés, s'unissent à d'autres.

» Les pigeons aiment à se battre : ils s'attaquent mutuellement, et entrent dans les nids des autres, mais rarement. C'est surtout près des nids que ces oiseaux se battent avec le plus de violence. — Ce qui caractérise ces oiseaux, de même que les ramiers et les tourterelles, c'est qu'après avoir bu, ils ne renversent pas la tête, à moins qu'ils n'aient bu suffisamment. Pour les ramiers et les tourterelles, la femelle se contente d'un mâle et n'en reçoit pas d'autre. Le mâle couve aussi bien que la femelle.

Les ramiers vivent jusqu'à vingt-cinq ans, et même jusqu'à trente : il est prouvé que quelques-uns ont atteint l'âge de quarante ans.

» Quand les colombes commencent à vieillir, leurs ongles deviennent plus longs ; aussi leurs maîtres ont-ils soin de les couper. Il ne paraît pas que ces oiseaux ressentent quelque autre incommodité dans leur vieillesse. — Les tourterelles et les colombes vivent huit ans, (notamment celles que l'on a rendues aveugles, et que l'on nourrit pour en attirer d'autres). Et tandis que les mâles des ramiers et des tourterelles vivent en général plus longtemps que les femelles, le contraire a lieu parmi les colombes.

» Les colombes produisent d'ordinaire un mâle et une femelle ; d'abord le mâle, puis la femelle. Quand elles ont pondu un œuf, elles ne pondent le second que le jour suivant. Le mâle et la femelle couvent tour à tour ; le premier pendant le jour, et l'autre pendant la nuit. Ils ouvrent l'œuf avant le vingtième jour après la ponte. Les colombes percent l'œuf la veille du jour où doivent éclore les petits. Pendant quelque temps le mâle et la femelle les soignent tous deux, de la même manière que les œufs ; et la femelle est alors moins douce que le mâle ; c'est ce qu'on remarque aussi dans d'autres

animaux. Les colombes ont dix couvées par an,
quelqu'unes même en ont onze, et celles d'Egypte
douze. Les colombes s'accouplent avant d'avoir atteint
l'âge d'un an ; à six mois elles commencent déjà
à connaître l'amour [1]. »

Si nous avons à regretter de ne pas trouver, dans
les écrivains grecs, de nombreux détails touchant
l'histoire civile de la colombe, nous pouvons, en
revanche, nous féliciter de ceux que les auteurs
latins nous fournissent. Grâce, en effet, à Pline,
Varron, Columelle et Palladius, les annales de notre
oiseau, chez les Romains, laissent peu à désirer.
Ces écrivains naturalistes et agronomes ne se sont
pas bornés, comme Aristote, à décrire le caractère
et les mœurs du pigeon; mais ils ont eu soin encore
d'annoter toutes les particularités qu'ils avaient pu
recueillir concernant les différentes méthodes suivies
de leur temps pour l'amélioration de la race colombine, et la vogue extraordinaire dont les pigeons
jouirent, pendant plus d'un siècle, à Rome ; vogue qui
alla jusqu'à la frénésie, comme le témoignent les prix
excessifs qu'on exigeait, et qu'on obtenait, pour une
seule paire de ces oiseaux.

[1] *Hist. anim.*, lib. VI, c. 4.

C'est évidemment de la Grèce que la passion des colombes fut introduite en Italie, à l'époque où le premier de ces pays fut réduit en province romaine, c'est-à-dire, l'an 146 avant Jésus-Christ. Cette conquête était, sans contredit, la plus importante que les maîtres du monde eussent encore faite jusqu'alors. Toutes celles qui l'avaient précédée n'avaient eu pour résultats que d'étendre les limites de la république, d'augmenter ses forces, et, malheureusement, de lui procurer d'immenses richesses. Mais, il était réservé aux Grecs de faire triompher à Rome, leur civilisation, leurs arts, leurs lettres et leurs sciences, et d'éprouver ainsi, en perdant l'indépendance, la consolation d'exercer sur leurs vainqueurs, cet ascendant que commandent l'intelligence et le génie, et qui, pour être tout pacifique, n'en est pas moins aussi puissant que celui qui résulte de la conquête même.

Dès cette mémorable année donc qui vit mourir l'antique liberté du peuple de Thémistocle et de Léonidas, Rome changea entièrement de face : mœurs, usages, langue, modes, arts, sciences, lettres, tout fut emprunté aux Grecs ; c'était un enthousiasme général. On sentait le besoin d'une existence nouvelle ; on avait honte, en quelque sorte, d'avoir été barbare si longtemps ; de n'avoir vaincu jusqu'alors que pour le plaisir de vaincre. On comprenait, enfin, que la paix pouvait illustrer un peuple aussi bien que la guerre, et procurer des jouissances non moins à envier que celles des camps et des batailles.

La Grèce était là pour l'attester : sa brillante célébrité, ne la devait-elle pas à ses artistes, à ses orateurs, à ses poètes, à ses philosophes, autant qu'à ses succès, si magnifiques d'ailleurs, sur les Perses ? — Rome comprit, en un mot, que sa gloire à elle était incomplète, et qu'à côté des temples de Mars et de Bellone, il fallait élever enfin ceux d'Apollon et de Minerve.

Cet enthousiasme des Romains pour les Grecs, ne fut donc pas, on le voit, un de ces engouements, une de ces modes frivoles qui s'emparent parfois d'un peuple, et le rendent pour quelque temps, l'imitateur servile, l'admirateur exclusif d'un autre peuple. Tel fut, par exemple, cet enthousiasme qui, vers la fin du siècle dernier, transportait les Français en faveur de tout ce qui leur arrivait d'Angleterre. Tel est aujourd'hui, en Belgique, cet empressement ridicule, avec lequel on accueille et dévore toutes les productions de la presse parisienne. A en juger par cet empressement, on serait, en vérité, tenté de croire que la plupart de nos compatriotes, sont

convaincus qu'un livre ne saurait renfermer de mérite,
à moins qu'il n'ait été écrit aux rayons du soleil,
exclusivement inspirateur, de la *Grande Capitale*. Cette
manière de raisonner, ou pour mieux dire, de dé-
raisonner, est du reste assez naturelle chez un peuple
aussi éminemment commerçant que le nôtre. Le
café, le sucre, le coton les plus estimés, ne sont-ce
pas ceux qui ont été cultivés sous tels degrés de
longitude et de latitude? C'est, si je ne me trompe,
cette habitude journalière, continuelle, de déterminer
la valeur des denrées, d'après les lieux d'où elles
proviennent, qui a fait adopter parmi nous, celle
d'apprécier de la même manière, les productions
littéraires. Heureusement, ce préjugé, stupide autant
qu'il a été fatal jusqu'à présent aux progrès des
lettres dans notre pays, commence à perdre un peu
de sa force. Quelques années encore, et, j'en suis
sûr, chacun conviendra volontiers enfin, que la Belgique peut posséder des écrivains distingués, aussi
bien que des peintres et des sculpteurs célèbres,
aussi bien que.... de riches marchands.

Ce ne fut pas, je le répète, à l'entraînement d'une
fantaisie momentanée que cédèrent les Romains en
se faisant les imitateurs des Grecs : non ; cet entraînement fut amené par la force des choses, comme

on dit. Rome ne se suffisait plus à elle-même. Que faire de cette masse d'or et d'argent qu'elle avait arrachée à l'Europe, à l'Afrique et surtout à l'Asie ? Ce furent les Grecs qui apprirent à ces Crésus improvisés, l'art de jouir de leurs trésors. — Élevez des temples à vos Dieux, leur dirent-ils, et des palais pour vous-mêmes ; ayez des villas et des jardins. Ces temples, ces palais, ces jardins et ces villas, ornez-les de peintures et de mosaïques précieuses ; peuplez-les de statues, de même que les rues et les places publiques de vos cités. Que dans vos maisons de campagne on admire tout ce que la nature produit de plus beau, de plus rare, dans les trois parties du monde. Ayez des théâtres ; des historiens qui racontent, et des poètes qui chantent vos exploits et ceux de vos ancêtres. Ayez des philosophes, des orateurs, des savants. Ayez des peintres et des sculpteurs ; chargez-les de transmettre à la postérité, les images de vos grands hommes et celles des personnes qui vous sont chères. Apprenez encore à connaître les plaisirs des festins : que vos tables se chargent de mets recherchés et délicats, servis dans des plats d'or et d'argent. En un mot, vivez comme nous vivons à Athènes et à Corinthe, et vos richesses deviendront pour vous une source intarrissable de plaisirs toujours nouveaux.

Les Romains suivirent ces conseils.

Cette grande révolution ne se fit pas, toutefois, avec un assentiment universel. Comme toujours, quand un esprit de réforme agite un peuple, il s'éleva à Rome plusieurs partis, jugeant, chacun à un point de vue différent, les résultats immédiats et éloignés que toutes ces innovations, dues à l'étranger, devaient amener dans la république.

Le premier de ces partis était composé de ceux qui se montraient opposés à tout changement dans les usages et les mœurs nationaux. Inutile de dire que c'était le plus petit nombre. A leurs yeux, la culture des lettres, des sciences et des arts de la Grèce, ne pouvait qu'amollir l'esprit des Romains, énerver l'austérité de leur caractère et entraîner ainsi, peu à peu, l'état à sa perte. Selon eux, leurs concitoyens allaient éprouver la même influence fatale que Capoue avait exercée autrefois sur les soldats d'Annibal.

C'est à ce parti qu'appartenaient, entre autres personnages illustres, Caton-le-Censeur, Marius et Mummius. — Le philosophe grec Carnéade, ayant été député par les Athéniens auprès du Sénat romain, parla successivement, dans une même séance, pour et contre la justice. Caton, indigné d'un pareil abus de l'art oratoire, proposa de renvoyer au plustôt un si dangereux sophiste. Ce n'est pas toutefois, que Caton voulût absolument proscrire l'étude des lettres et des sciences ; non, car lui-même s'y livra toute sa vie avec la plus grande ardeur ; mais il voulait que cette étude fût nationale et ne suivît point d'impulsion étrangère : il redoutait surtout les funestes effets que la littérature grecque devait causer dans sa patrie. — Je t'indiquerai ce qu'il y a d'excellent à Athènes, dit-il, en s'adressant à son fils Marcus, et je te prouverai qu'il est bon de prendre une idée, mais non de faire une étude approfondie de la littérature des Grecs. Race perverse et indisciplinable, (écoute ceci comme un oracle !) partout où elle communiquera ses connaissances, elle répandra une corruption universelle » [1].

Caton n'apprit le grec qu'à l'âge de quatre-vingts ans, à ce que l'on rapporte. Marius ne voulut jamais l'apprendre. Élevé parmi les pâtres, grandi dans les camps, il avait pour les lettres le plus souverain mépris. Quant à Mummius, ce général est célèbre encore aujourd'hui, bien plus par sa naïve ignorance, que par la prise de Corinthe et la réduction de toute la Grèce, succès qui lui valurent cependant les

____

[1] PLINE, *Hist. Nat.* liv. xxix. ch. vii.

honneurs du triomphe, et le surnom d'Achaïcus. —
Ce brave soldat avait reçu du Sénat l'ordre d'envoyer
à Rome la plus grande partie des trésors artistiques
que possédait Corinthe. Il connaissait si peu la valeur
de ces précieux objets, qu'il dit aux voituriers chargés de les transporter, que s'ils les perdaient en
route, ils seraient obligés de les remplacer à leurs
dépens.

Ce premier parti renfermait donc *les vieux débris*
de la Rome d'autrefois. — Si la ville aux sept collines
avait eu *l'avantage* de posséder, comme nous aujour-
d'hui, des journaux *progressifs,* et des artistes à che-
velure mérovingienne et à barbe de babouin, ces
inflexibles champions de l'antique sévérité romaine,
n'auraient certes pas manqué de s'entendre qualifier
de *rétrogrades,* de *classiques,* de *perruques,* d'*étei-*
gnoirs, d'*obscurantins,* d'*épiciers* enfin.

Ce parti respectable avait pour antagonistes immédiats, les *fashionnables,* les *dandys,* les *lions* de
l'époque, la *jeune Rome,* en un mot : génération
abâtardie de la vieille souche républicaine ; pleine de
courage encore, sans doute, mais redoutant bien
moins la mort qu'une balafre au visage, comme elle
le prouva à la journée de Pharsale. — Blasés sur
les jouissances bornées et par conséquent monotones

de Rome, ces aimables et opulents oisifs soupiraient après des voluptés nouvelles. Du moment donc qu'ils connurent toutes celles que leur offrait le luxe grec, ils les accueillirent avec une ardeur d'autant plus grande qu'elles leur fournissaient les moyens de dépenser avec délices désormais, leur temps et leur fortune.

Entre ces Philhellènes fanatiques et les partisans de Caton, on vit surgir un troisième parti, celui des amis du progrès, mais d'un progrès véritable, c'est-à-dire, d'une amélioration guidée par la modération et la prudence. — Ils consentaient volontiers à ce que l'on admît ce que la Grèce avait de recommandable, mais à la condition expresse que Rome conservât son esprit national ; c'était au profit de cet esprit qu'ils voulaient faire tourner les lettres et les arts de la péninsule vaincue. Celle-ci se glorifiait d'Homère, de Pindare, d'Anacréon, d'Eschyle, de Sophocle, d'Euripide ; elle était fière d'avoir enfanté Aristote, Socrate, Platon, Hérodote, Thucydide ; Zeuxis et Apelles, Phidias et Praxitèles, Démosthènes et Eschine. — Eh bien ! le *juste-milieu* désirait qu'à son tour la capitale de l'Italie pût, elle aussi, s'enorgueillir de ses poètes, de ses historiens, de ses philosophes et de ses artistes ; mais, encore une fois, il ne voulait point de cette gloire, si Rome, en l'acquérant, devait cesser d'être Rome.

On sait que dans ces sortes de luttes, ce sont, presque toujours, les novateurs qui l'emportent, parce que l'enthousiasme qui les anime, les rend plus actifs, plus audacieux que les autres partis. C'est ce qui arriva aussi à Rome ; la jeunesse triompha, et la Grèce ne se borna pas à se dépouiller, en faveur de la ville éternelle, de ses milliers de tableaux, de statues et de vases ; mais un grand nombre de ses peintres, de ses sculpteurs, de ses rhéteurs et de ses savants, se rendirent encore en Italie pour y gagner à la fois un renom et une fortune. — Dès ce moment, les Romains paraissent avoir tenu à honneur, d'égaler, de surpasser même les Grecs, non seulement dans la culture des arts et des lettres, mais aussi dans ces innombrables raffinements ingénieux, inventés par le luxe athénien. L'ardeur qu'ils déployèrent pour atteindre ce double but, est presqu'incroyable. Un goût effréné de dépense et de plaisirs, s'empara de la nation entière, et pour satisfaire cette nouvelle passion, on eut recours à tout ce que la vanité et la sensualité pouvaient imaginer de plus somptueux, de plus attrayant. Aussi, ne fût-ce plus que pour avoir de l'or, qu'ils combattirent dans la suite, et l'on peut dire que c'est cette insatiable cupidité qui les porta à faire la conquête des pays jusqu'alors échappés à leurs aigles.

Si quis sinus abditus ultra,

dit le poète Pétrone [1],

> Si qua foret tellus quæ fulvum mitteret aurem,
> Hostis erat : fatisque in tristia bella paratis
> Quærebantur opes. Non vulgo nota placebant
> Gaudia : non usu blebejo trita voluptas.

(Si au-delà de ces limites, il se trouvait encore une contrée qui pût fournir de l'or, elle devenait aussitôt ennemie, quelque éloignée qu'elle fût ; on allait y chercher des trésors, poussé à la guerre par un funeste destin. On dédaignait les joies faciles, les plaisirs connus du peuple).

C'était surtout dans leurs belles villas de Cumes, de Tibur et de Tusculum, que les riches patriciens se plaisaient à étaler une opulence éblouissante. Parmi les particularités curieuses que ces lieux enchantés renfermaient, on remarquait des loges peuplées

---

[1] Petronii Arbitri, *Carmen de bello civili*. — Pétrone naquit à Marseille ; Néron qui le comptait parmi ses favoris, le regardait comme le modèle et l'arbitre du goût. Il fut obligé de s'ouvrir les veines à Cumes, ayant été soupçonné d'avoir pris part au complot de Pison.

de pigeons, de tourterelles, de poules, de paons, de grives, de perdrix. On y élevait aussi des cygnes, des canards, des oies, et les propriétaires de ces oiseaux en retiraient chaque année un bénéfice considérable. Le savant Varron [1] vit s'introduire en Italie l'usage d'élever des troupeaux de paons. — On assurait, dit-il [2], que M. Aufidius Lurco tirait des siens plus de 60,000 sesterces par an, c'est-à-dire plus de 12,000 francs. L'orateur Q. Hortensius [3], l'un des plus célèbres épicuriens de son époque, fut le premier, dit-on, qui servit des paons sur la table du festin qu'il donna pour l'installation de son augurat. L'austère Varron fait remarquer que cette prodigalité eut l'approbation des voluptueux, mais non des gens honnêtes et d'habitudes rigides. L'exemple fut néanmoins contagieux, et le prix de ces oiseaux monta depuis à tel point, qu'un œuf de paon se vendait cinq deniers (4 francs), et l'oiseau lui-même facilement cinquante (40 francs), prix que l'on n'obtenait guères du plus beau mouton.

---

[1] Né en 116 avant J.-C., mort en 26. On l'appela *le plus savant des Romains;* il composa plus de 500 volumes; malheureusement nous ne possédons de lui que très-peu d'écrits.

[2] *De re rustica,* lib. III, c. 6.

[3] Né en 113 avant J.-C., mort vers 49. Cicéron lui enleva le titre de premier orateur de Rome.

Quelque grande que fût la passion des paons, celle des colombes la surpassait pourtant encore. Une paire de ces oiseaux, d'une belle couleur, d'une belle race, et qui n'avait point de défaut, se vendait ordinairement à Rome, du temps de Varron, deux cents nummi (40 francs) et même, quelquefois mille (200 francs), lorsqu'ils étaient d'une beauté remarquable. Un chevalier, nommé L. Axius, refusa même cette somme pour une seule paire, ne voulant la céder qu'au prix de quatre cents deniers (320 francs) [1].

On voit par ce qui vient d'être dit, que la couleur du plumage était une des conditions principales du mérite d'un pigeon. A laquelle accordait-on la préférence ? C'est ce que l'on ne saurait déterminer : il y avait à cet égard une espèce de mode qui changeait souvent, et du temps de Columelle, les avis étaient encore partagés là-dessus. C'est pourquoi, dit cet écrivain [2], il n'est pas facile de dire quelle est la meilleure couleur. La couleur blanche, que l'on rencontre communément partout, ajoute-t-il, n'est pas trop du goût de toutes les personnes ; il est vrai

---

[1] VARR. *De re rust.* lib. III. c. 7.

Un autre Axius acheta un âne 400,000 sesterces, (80,000 francs.) J'ignore, dit PLINE, si jamais animal a été mis à si haut prix. — *Hist. nat.*, lib. VIII.

[2] *De re rustica.* lib. VIII. c. 8.

qu'elle n'est pas dans le cas d'être rejetée dans les pigeons que l'on tient renfermés ; mais on ne saurait trop la désapprouver dans ceux qu'on laisse en liberté, parce qu'elle se fait remarquer très-aisément des oiseaux de proie. — Nous verrons plus loin que, dans les colombiers, on réunissait des pigeons de deux espèces, l'une blanche et l'autre bigarrée, sans aucun mélange de blanc ; que de l'union de ces deux espèces on en obtenait une troisième de couleur mélangée, et que c'était principalement sur celle-là qu'on spéculait. On peut par là se faire une idée du genre de plumage le plus généralement estimé.

Quelqu'extravagants que fussent, du temps de Varron, les prix des pigeons à Rome, on ne tarda pourtant pas à les élever bien plus haut encore, et l'enthousiasme des amateurs finit, en quelque sorte, par n'avoir plus de frein. Notre siècle, s'écrie Columelle, nous forcerait à rougir pour lui, si nous ajoutions foi à ce qu'on raconte, qu'il se trouve des personnes qui paient une paire de pigeons jusqu'à quatre mille nummi (800 francs) ! Une pareille frivolité était bien blâmable, sans doute ; cependant, telle était la corruption des mœurs romaines à cette époque, que Columelle, tout en déplorant ces futiles prodigalités, trouve qu'elles méritaient encore de l'indulgence. Ce n'est pas, dit-il, que ceux qui dépensent ainsi un argent énorme pour avoir en leur possession des choses de pur agrément, ne soient encore plus excusables à mes yeux, que ceux qui épuisent le Phase du Pont [1] et les étangs scythiques des Palus-Méotides [2], pour satisfaire leur gloutonnerie. — Cette gloutonnerie était, en effet, devenue dégoûtante, hideuse ; l'écrivain dont nous empruntons ces détails, nous apprend, à la honte de ses contemporains, qu'on poussait le dévergondage jusqu'à se donner, au milieu de son ivresse, des rapports provoqués par les oiseaux du Gange et de l'Égypte [3].

Pline, qui vivait du temps de Columelle [4], n'a pas oublié de faire mention, dans son histoire naturelle, de la vogue extraordinaire dont il vit jouir les pigeons à Rome. Bien des gens, dit-il, se passionnent pour les colombes. Ils leur bâtissent des tours au-dessus de leurs maisons. Ils racontent la généalogie et la noblesse de chacune d'elles. La Campanie s'honore

---

[1] *Le Pont*, région de l'Asie-Mineure, au N.-E.

[2] *Palus-Méotides*, aujourd'hui la mer d'Azov.

[3] Colum. *De re Rust.* lib. VIII. c. 8.

[4] Pline naquit l'an 25 de J.-C. et mourut l'an 79. — Columelle, né à Cadix, alla se fixer à Rome vers l'an 42 de J.-C. Il est regardé comme le plus savant agronome de l'antiquité.

même du renom qu'elle a de produire celles de la plus grande espèce [1].

La beauté des pigeons payés si cher, devait être réellement merveilleuse, quand on songe que les Romains élevaient chaque année un nombre incalculable de ces oiseaux : les colombiers en renfermaient quelquefois jusqu'à 5,000 ; et ce n'était pas hors de la ville seulement qu'on en faisait construire ; beaucoup de personnes plaçaient encore des boulins de terre cuite sur le toit de leurs maisons à Rome. La valeur de cet appareil allait jusqu'à 100,000 sesterces, (20,000 francs), somme considérable, mais bien inférieure cependant à celle que coûtait la construction d'un colombier à la campagne [2].

Quelque déraisonnable qu'ait été l'affection des Romains pour les pigeons, nous aurions très-mauvaise grâce, nous, avec nos airs de gravité, de la traiter de ridicule. Chaque siècle se laisse entraîner par une prédilection spéciale, et le nôtre se fait remarquer par plus d'une. Quelles sommes considérables ne voit-on pas donner pour une fleur, un serin, un coquillage, un vieux bouquin, une lettre autographe ? Il en a toujours été, et il en sera toujours ainsi.

[1] *Hist. Nat.* lib. X. c. 53.
[2] VARRON, *De re rust.* lib. III. c. 8.

Tout le monde sait qu'il fut un temps, où une seule bulbe de tulipe valait une fortune, en Hollande. Cela paraît incroyable, aujourd'hui, à bien des personnes ; et cependant, il y a quatre à cinq ans, un horticulteur distingué de Gand, M. Van Houthen, ne balança pas à donner 1,800 francs pour un nouveau *Flox*, obtenu par un médecin de Tongres [1]. — Gardons-nous de prendre en pitié ces sortes de passions momentanées, dont les résultats utiles sont incontestables. C'est à notre amour des fleurs, que la science de la botanique doit d'être parvenue à centupler les trésors du règne végétal, en enrichissant d'un éclat nouveau, en développant sous des formes nouvelles et variées à l'infini, toutes ces modestes *Alpines*, à peine ébauchées, pour ainsi dire, par la main de la nature.

Quant à l'ardeur qui, depuis quelques années, stimule un chacun parmi nous à former une collection quelconque, on n'en saurait non plus méconnaître les précieux avantages. Un *collectionneur*, dans l'acception réelle de cette honorable dénomination, est un homme animé du désir ardent de réunir et de conserver soigneusement tout ce qui peut intéresser les arts, les sciences, l'histoire. Grâce à son infatigable acti-

---

[1] C'est le Flox qui porte le nom de M. Van Houthen.

vité, pas un épi, pas un grain ne se perd dans le vaste champ de l'archéologie, où souvent, on le sait, la plus petite trouvaille est d'un prix inestimable. Ce sont les collections qui complètent l'histoire écrite, qui la contrôlent, qui confirment ses récits, rectifient ses erreurs ; et bien souvent, quand l'histoire est muette, il sort de ces collections une voix éloquente. Les écrivains latins ne nous avaient fait connaître de l'Étrurie que le nom. Eh bien ! jettez les yeux sur quelques-uns de ses chefs-d'œuvre artistiques, et vous vous formerez sans peine une idée de la haute civilisation de cette antique contrée.

Le véritable collectionneur a le cœur généreux : ce n'est pas pour lui seul qu'il amasse ; il ne se donne pas toutes ces peines, il ne s'impose pas toutes ces privations, pour s'écrier dans un élan de joie égoïste : Tout cela est à moi seul ! — Non ; possesseur d'une riche mine, il en accorde avec empressement l'exploitation à tous. C'est cette noblesse de sentiments qui le distingue de ces esprits étroits, de ces êtres méfiants, stupides, avares, qui s'empressent d'enfouir tout ce qu'ils trouvent de curieux et de rare, afin de s'en réserver, entre quatre murs, la jouissance exclusive ; — vraies plantes parasites, attirant à elles le plus qu'elles peuvent de suc nourricier, mais sans jamais porter le moindre fruit. — Un harem n'est pas mieux défendu contre les regards indiscrets que ne l'est la chambre où ils cachent leurs richesses. S'ils le pouvaient, n'en doutez pas, ils les feraient enterrer avec eux ! — Tel bouquin, telle médaille qu'ils possèdent, pourraient rendre un service signalé à l'histoire, à la science : eh bien ! ils vous refuseront durement la faveur de feuilleter un moment *leur* vieux livre, de jetter un coup-d'œil sur *leur* médaille. Que leur importe que la science fasse un pas, que l'histoire s'enrichisse d'un fait ? Ils *possèdent*, et ne désirent rien de plus. — Je n'ai jamais désiré la mort de personne ; mais jamais, non plus, je n'ai regretté celle d'un collectionneur de cette misérable espèce.

CHAPITRE VI.

—

Un colombier romain.

—

Pour peu que vous soyez colombophile, mon cher lecteur, vous
n'apprendrez pas sans intérêt, je
pense, les soins minutieux que les
Romains apportaient dans l'administra-
tion de leurs pigeonniers. — Transpor-
tons-nous ensemble, en imagination, à
l'une de ces villas où le luxe déployait
tant de richesses et de charmes, que le désir d'en
dépouiller les possesseurs, faisait inscrire leurs noms

sur les tables de proscription. C'est ce qui arriva,
en effet, à un certain Aurélius, citoyen paisible, qui
jamais n'avait eu rien à démêler ni avec Sylla, ni
avec son terrible compétiteur Marius. Un jour, tra-
versant le Forum, la curiosité la pousse à jeter les
yeux sur la liste des malheureux voués à la mort
par le dictateur, et qu'aperçoit-il ?..... Son propre
nom inscrit en tête de tous les autres ! — Ah !
s'écrie-t-il, c'est ma maison d'Albe qui me tue !...

Mais écartons ces tristes souvenirs, et, si vous le
voulez bien, lecteur, entrons dans la délicieuse
maison de campagne que le patricien Lentiscus,
homme riche, et, à la fois, fort instruit et d'un goût
exquis, a fait bâtir dans les environs enchanteurs de
Tibur [1], non loin de celle qui fut la demeure du
poète Horace. — Regardez; que de trésors, que de
merveilles réunis dans un si étroit espace ! C'est à
ne pas en croire ses yeux; il faudrait plusieurs jours
pour..... Mais, pardon, voici, si je ne me trompe,
venir au-devant de nous le *Columbarius* ou *Pastor
columbarum*, c'est-à-dire, l'esclave à qui l'entretien
du colombier est confié : nous ne saurions mieux
faire que de nous adresser à lui ; je me charge de

---

[1] Aujourd'hui Tivoli.

l'interroger. — Viens à nous, esclave : depuis longtemps nous désirons connaître comment un colombier
doit être gouverné : l'excellent seigneur Lentiscus
nous a gracieusement permis d'inspecter le sien,
et nous venons aujourd'hui profiter de cette faveur.

Le *pastor columbarum*. — Vous avez été bien inspirés
par les dieux, seigneurs, en accordant la préférence
au colombier de mon maître, sur tous ceux de Tibur.
C'est qu'en le construisant, Lentiscus a moins songé
à la satisfaction de réaliser de grands bénéfices,
qu'à celle de soumettre à une expérience continuelle
et rigoureuse, les nombreux préceptes de nos écrivains agronomes touchant l'art d'élever les pigeons
et d'en améliorer la race. Il veut les vérifier tous
par lui-même : c'est pourquoi, il m'a ordonné de
mettre en pratique tout ce que Caton, Varron, Pline,
Columelle, Palladius [1], et autres auteurs ont écrit
là-dessus; et déjà, bien que notre colombier compte
à peine un an d'existence, nous avons obtenu les
résultats les plus satisfaisants : chaque jour, en effet,
nous sommes confirmés de plus en plus dans la

---

[1] C'est de ces écrivains que sont tirés les détails de ce chapitre.
— Voyez la belle édition des agronomes latins, publiée sous la
direction de Nisard, Paris, 1844 ; et celle de Pline, publiée par
Panckoucke, avec la traduction de M. Ajasson de Grandsagne ;
Paris, 1833.

certitude que si ces auteurs donnent d'excellents conseils, il leur est arrivé souvent aussi, de se faire les échos de maint préjugé, de mainte superstition que l'ignorance a répandue dans le peuple, surtout parmi celui de la campagne. — Mais veuillez, je vous prie, seigneurs, me suivre au *Peristereon*, comme la mode veut qu'on appelle aujourd'hui un colombier. En voyant de vos propres yeux ce qui s'y passe, vous comprendrez, sans aucune peine, les explications que vous exigez de moi.

La fortune nous sourit merveilleusement, mon cher lecteur, ou plutôt, mon cher compagnon de voyage, puisqu'elle nous fait rencontrer ici en même temps, un colombier réunissant toutes les conditions que nous pouvions désirer, et un pastor intelligent, érudit même, à ce qu'il me paraît, pour nous en faire les honneurs. Je crois que notre curiosité sera pleinement satisfaite. — Mais entrons..... Dieux ! quelle quantité de pigeons !

Le *Pastor*. — Et pourtant, seigneurs, c'est bien moins par le grand nombre que par l'excellente qualité de ses hôtes, que notre colombier se distingue parmi ceux de cette contrée. Comme je vous l'ai dit déjà, mon maître consulte les intérêts de la science beaucoup plus que les siens propres : nous possédons deux mille pigeons seulement, tandis que dans d'autres colombiers on en nourrit quatre et même, quelquefois, cinq mille.

Moi. — Et tous ces pigeons, sont-ils de la même espèce ?

Le *pastor.* — Non pas : un colombier renferme d'ordinaire des hôtes de deux espèces, et qu'il est facile de distinguer tout d'abord. Regardez, je vous prie ; le plumage des uns est bigarré, sans aucun mélange de blanc, tandis que le plumage des autres est entièrement blanc, et c'est ainsi qu'il est presque toujours dans cette espèce. Les premiers sont des pigeons sauvages (*genus agreste*), que l'on appelle encore *saxatiles* ; ils habitent les tours et le faîte (*columen*) des métairies.

Moi. — Un moment : n'est-ce pas du mot latin *columen* que la colombe tire son nom ?

Le *pastor.* — Précisément, seigneur ; du moins c'est une opinion reçue. Ces saxatiles, donc, sont naturellement timides ; ils recherchent toujours les points les plus élevés des bâtiments, ce qui fait qu'ils hantent d'ordinaire les tours. C'est là qu'ils dirigent leur vol en revenant des champs, et c'est de là encore qu'ils retournent aux champs. La seconde espèce est loin d'être aussi farouche ; elle vient même volontiers chercher sa nourriture sur le seuil de nos habitations. — C'est de l'union de ces deux espèces qu'on en forme une troisième qui tient à la fois de l'une et de l'autre, c'est-à-dire que son plumage est d'une couleur mélangée. Cette espèce est celle dont on retire le plus d'avantages. Mais avant de vous parler des détails qui concernent la manière d'élever les pigeons, il convient, je pense, que vous fixiez d'abord votre attention sur la construction et l'ameublement de leur séjour ; ce sont deux points de la plus grande importance.

Remarquez, je vous prie, que notre colombier est construit en voûte, et qu'il se termine en forme de dôme. Il n'y a, comme vous voyez, qu'une seule porte : elle est étroite, ainsi que les fenêtres, et c'est pour cette raison que nous appelons celles-ci carthaginoises (*fenestræ punicanæ*). On peut les faire plus larges, si l'on veut ; mais il faut avoir bien soin de les garnir de treillis au-dedans et au-dehors, de manière à laisser pénétrer le jour, tout en fermant le passage aux serpents et autres animaux dangereux. Remarquez encore que tout l'intérieur du colombier est enduit de stuc : la même application doit se faire également en-dehors autour des fenêtres, afin que ni rat, ni lézard ne puisse s'introduire.

Moi. — La pauvre colombe a donc bien des en-nemis ?

Le *pastor*. — Il n'est pas un seul oiseau, seigneur, qui en ait en si grand nombre, et c'est ce qui nous oblige d'imaginer toutes sortes de précautions pour les protéger contre les attaques incessantes des destructeurs de leur race. — *Triste lupus stabulo*, a dit le fabuliste Phèdre. Hélas ! ce n'est pas une désolation moins déplorable que la présence d'un rat, d'une fouine, d'un lézard ou d'un oiseau de proie quelconque dans un peristereôn ! [1] — Mais poursuivons notre examen. Pour chaque couple de pigeons, nous avons disposé des boulins de forme circulaire, en ayant soin de les distribuer avec ordre, et de les serrer les uns contre les autres, pour qu'il en tienne davantage ; voyez comme ils remplissent tout l'espace compris entre le sol et la voûte. Chaque boulin a une ouverture qui permet au pigeon d'entrer

[1] Le colombier était encore appelé par les Philhellènes, *Peristerotropheion*, mot composé qui signifie *lieu où l'on nourrit des colombes*. — Les Romains donnaient encore le nom de *columbaria* aux niches pratiquées dans les murs des caveaux, pour y placer les urnes cinéraires. Leur ressemblance avec les niches de pigeons les fit appeler ainsi. Voyez ADAM, *Antiq. Rom.* ; S. PITISCI, *Lex. antiqq. rom.*; SCHELLERI, *Lexic. Lat.* — Par *columbaria*, on désignait encore les ouvertures qui se trouvaient dans les parties les plus élevées des flancs d'un vaisseau, et par lesquelles on faisait passer les rames. BESOLDI, *Thes. pract.*

et de sortir librement ; l'intérieur en est de trois palmes en tous sens. Quant aux tablettes adaptées à chaque rang de boulins, elles servent, comme sans aucun doute, vous en aurez fait déjà vous-mêmes la remarque, de vestibule aux pigeons, si je puis m'exprimer ainsi : ils se plaisent à s'y reposer avant d'entrer dans le boulin.

Moi. — Pour quel motif, dis-nous, ce filet tendu sépare-t-il une partie des pigeons des autres ?

Le *pastor.* — Ce sont les femelles couveuses que nous isolons de cette manière ; mais je dois vous faire observer que la faculté de sortir de temps en temps du colombier, ne leur est point refusée ; et c'est une particularité dont je vous engage à prendre soigneusement note.

Moi. — Pourquoi cela ?

Le *pastor.* — C'est qu'une trop longue réclusion rebuterait ces pauvres mères et les ferait languir ; il faut donc que, parfois, elles puissent se refaire par une excursion dans les champs.

Moi. — Mais n'y a-t-il pas à craindre que les charmes de la liberté ne leur fassent oublier, ou même prendre en aversion, les devoirs pénibles qu'elles ont à remplir ?

Le *pastor.* — Oh ! non, seigneur : l'attachement

qu'elles ont pour leur couvée garantit leur prompt retour ; si bien que lorsqu'une d'elles ne rentre pas au colombier, nous regardons comme certain qu'un aigle, un épervier, ou tout autre oiseau carnassier l'a dévorée.

Moi. — Ne connait-on aucun moyen de s'emparer de ces tyrans des airs ?

Le *pastor.* — Je vous demande pardon, seigneur : nous nous servons pour cela d'un appareil très-simple et qui nous réussit souvent. On enfonce tout bonnement en terre deux baguettes couvertes de glu, et recourbées l'une sur l'autre : on attache ensuite un pigeon entre elles ; l'épervier fond sur cet appât, s'empêtre dans la glu, et se trouve pris au piége.

Moi. — Tous les colombiers sont-ils construits sur le plan de celui-ci ?

Le *pastor.* — Non ; leur plus ou moins de distance d'une ville réclame des modifications importantes. Il y a bien moins d'embarras à élever des pigeons dans des contrées éloignées : on les y laisse sortir librement et ils reviennent d'habitude aux lieux qu'on leur y assigne, soit sur le haut des tours, soit sur des bâtiments très-élevés, dont les murs sont percés de fenêtres qu'on laisse ouvertes, et à travers lesquelles ils passent pour aller chercher leur nourriture. On ne leur en fournit que pendant deux ou trois mois de l'année : pendant les autres mois, ils se nourrissent eux-mêmes des grains qu'ils trouvent dans les champs. Mais la grande liberté dont jouissent ces pigeons, il n'est pas possible de l'accorder à ceux des colombiers placés dans le voisinage des villes, car ce serait les exposer à tomber, chaque jour, dans les piéges de toute espèce que leur tendent les oiseleurs.

Moi. — Comment s'y prennent donc ceux qui possèdent un colombier dans les environs de Rome ?

Le pastor. — Ils nourrissent les pigeons à la maison, et les enferment dans un endroit de la métairie, qui n'est ni à fleur de terre, ni froid, c'est-à-dire, sur un plancher construit en un lieu élevé, et exposé au midi d'hiver. On en creuse les murs pour y disposer des rangées de nids. Quelques personnes suivent à cet égard une autre méthode ; elles enfoncent dans les murs des *corbeaux* [1] sur lesquels elles mettent des planches qui portent, soit des cases dans lesquelles les pigeons font leurs nids, soit des sébilles de terre cuite, précédées de vestibules que l'oiseau doit traverser avant de parvenir à son nid.

Moi. — Ces malheureux prisonniers sont donc condamnés à une captivité perpétuelle ?

[1] Paxillus, *un petit pieu.*

Le *pastor*. — Hélas ! oui, seigneur : il y a une fenêtre à leur habitation, et cette fenêtre, — qu'il faut avoir soin de placer de façon que le soleil l'éclaire pendant la plus grande partie des jours d'hiver, — donne dans une cage assez ample, et garnie de filets pour empêcher l'épervier et le milan d'y faire invasion. C'est dans cet asile que les pigeons goûtent un peu de liberté. Ah ! je remercie les dieux de n'être point forcé de passer ma vie à diriger un colombier de cette espèce.

Moi. — Cette besogne, qu'aurait-elle donc de si pénible pour toi ? Il me semble que tu remplis avec plaisir celle qui t'est imposée ici.

Le *pastor*. — C'est que la condition de ces pigeons captifs est tout à fait semblable à la nôtre. Pour eux, comme pour nous, le monde se borne à un étroit espace au-delà duquel tout le reste est comme s'il n'existait pas. Jamais il n'est accordé aux hôtes de ces colombiers d'aller se réjouir un moment au milieu de la verdure des champs ; jamais non plus, nous, malheureux esclaves, attachés pour toujours à un petit coin de terre, nous ne verrons toutes ces contrées de la belle Italie, dont nous entendons parfois raconter les incroyables merveilles ! Pardon, seigneurs ; mais quand je pense à la liberté, je ne puis contenir mes larmes : pour la posséder un seul jour, oui, je donnerais volontiers ma vie entière.

Moi. — Console-toi, pastor, et aie bon courage ; Lentiscus est un brave et digne maître qui certes ne laissera pas sans récompense, l'affection que tu lui portes et la fidélité avec laquelle tu t'acquittes de tes devoirs ; sois sûr qu'il t'affranchira quelque jour.

Le pastor. — Que les dieux vous entendent ! — Mais continuons : c'est donc dans cette cage dont je vous parlais, que les pigeons viennent se mettre au soleil, et que les femelles couveuses peuvent respirer un air pur, ce qui leur est indispensable, ainsi que je vous le disais tout-à-l'heure, pour empêcher que l'espèce de servitude à laquelle les réduirait une gêne continuelle ne les chagrine au point de les rendre malades.

Moi. — Et ce petit espace leur suffit-il ?

Le pastor. — Oh ! oui ; il faut si peu de liberté à ces tendres mères ; celles-là même qui jouissent de la faculté d'errer où elles veulent, se contentent de voltiger tant soit peu autour des bâtiments, pour s'égayer un moment et se refaire ; puis, elles retournent avec une nouvelle ardeur à leur couvée, qui ne leur permet pas de s'enfuir, ni même de s'écarter trop loin.

Moi. — Quelle nourriture tes pigeons reçoivent-ils?

Le pastor. — Du millet, du blé, de l'orge, des petites lentilles, des pois, des haricots, de la vesce, de l'ivraie, même des criblures de froment et toute autre espèce de légumes qu'on donne également aux poules. — Remarquez, je vous prie, que les mangeoires sont adossées au mur; je les remplis à l'extérieur au moyen de tuyaux. Dans d'autres colombiers on se contente de répandre la nourriture, mais en ayant grand soin toujours de le faire le long du mur; et c'est encore un point digne de votre attention, seigneur.

Moi. — Voudrais-tu m'en dire la raison ?

Le pastor. — La propreté des pigeons est proverbiale, comme vous le savez sans doute : or, la partie du plancher qui longe le mur, est la seule de tout le colombier, vous le voyez, où il ne se trouve point de fiente. La propreté est la première qualité par laquelle le logement des pigeons doit se distinguer. Il est important de le balayer et de le nettoyer plusieurs fois par mois. Plus il sera propre, plus le pigeon paraîtra gai, d'autant que c'est un oiseau si difficile à contenter, que souvent il prend sa demeure en aversion, et finit même par la quitter quand il a l'occasion de s'envoler, ce qui lui arrive fréquemment dans les pays où on lui laisse une entière liberté. — Un mot encore au sujet de la nourriture. Il y en a qui prétendent que les pigeons pondent fréquemment, lorsqu'on leur donne souvent à manger de l'orge grillée, ou des fèves, ou de l'ers.

Moi. — A combien estimes-tu la quantité de nourriture qu'il convient de leur donner ?

Le *pastor.* — Pour trente pigeons jouissant de leur liberté, il suffit de trois *sextarii* [1] soit de blé, soit de criblures, par jour, pourvu qu'on leur donne de l'ers pendant l'hiver pour favoriser leur ponte. — Quant à l'eau qu'on leur fournit, il faut qu'elle soit limpide et pure, afin qu'ils puissent à la fois y boire et s'y baigner. Je dois vous dire qu'il y a des *pastores columbarum* qui n'approuvent pas que les pigeons aient la faculté de se baigner ; ils prétendent que cela ne leur est pas avantageux par rapport aux œufs et aux petits. C'est pourquoi ils mettent l'eau dans des vases semblables à ceux des poules, c'est-à-dire, percés de trous assez grands pour que l'oiseau puisse passer son cou à travers pour y boire, sans pouvoir y passer le corps pour se baigner.

---

[1] Le *Sextarius* équivalait à 5 décilitres, 3 centilitres, 9488 cs.

Moi. — Est-il besoin d'un très-grand nombre de pigeons pour peupler convenablement un colombier qu'on vient de construire ?

Le *pastor.* — Oh ! non, seigneur ; le point essentiel, c'est que les pigeons que vous achetez, pour être les fondateurs de la nouvelle colonie, soient d'un bon âge, ni trop jeunes, ni trop vieux ; qu'ils soient forts, et qu'il y ait autant de mâles que de femelles. En remplissant avec soin ces conditions-là, vous verrez en très-peu de temps le nombre de vos hôtes s'accroître d'une manière merveilleuse, car rien ne pullule comme les pigeons. En quarante jours, la mère conçoit, pond, couve et élève ses petits ; et c'est à recommencer tout le long de l'année, sans autre interruption que la période comprise entre le solstice d'hiver et l'équinoxe du printemps. Les femelles ne font jamais que deux petits à la fois, dont l'un est presque toujours mâle et l'autre femelle. A peine sont-ils arrivés à leur croissance et à leur force, que le mâle féconde la mère dont il est sorti. Mais c'est ce qu'il ne faut point permettre : on doit, autant que possible, ne jamais séparer les uns des autres, les petits d'une même couvée, parce qu'ordinairement, quand ils sont ainsi mariés ensemble, ils donnent un plus grand nombre de couvées. Si toutefois on veut les séparer, il faut éviter d'unir les pigeons d'espèces différentes, tels que ceux d'Alexandrie, par exemple, et ceux de la Campanie qui sont, comme sans doute vous ne l'ignorez pas, seigneur, les plus célèbres de tous, à cause de leur grandeur.

Moi. — Quels inconvénients résulte-t-il de ces unions mal assorties ?

Le *pastor.* — Des inconvénients très-graves ; car les pigeons s'attachent moins à ceux qui ne leur ressemblent pas, qu'à ceux de leur propre espèce ; dès-lors ils s'accouplent rarement, et souvent ne pondent point.

Moi. — Quels sont les motifs qui font choisir tels pigeons pour les élever et les conserver, et tels autres pour les engraisser et les vendre ensuite ?

Le *pastor.* — Nous ne gardons que ceux qui se recommandent par leur plumage ; ceux qui sont stériles ou d'une vilaine couleur, sont engraissés ; en général cependant, il y a moins de profit à les engraisser qu'à les élever.

Moi. — Et quel procédé emploie-t-on avec le plus de succès, pour les rendre dignes de figurer sur la table du riche patricien ?

Le *pastor.* — On les renferme à part lorsqu'ils ont

déjà des plumes ; puis on les gorge avec du pain blanc mâché qu'il leur faut donner deux fois par jour en hiver, et trois fois en été, le matin, le midi et le soir. L'hiver, on retranche la ration de midi. Quant à ceux qui commencent seulement à s'emplumer, on les laisse dans le nid, mais on a soin de leur ôter quelques plumes et de leur casser les pattes, afin qu'ils se tiennent tranquilles dans le même lieu ; puis on donne à manger copieusement aux mères, de façon qu'elles ne manquent pas de nourriture ni pour elles-mêmes, ni pour leurs petits. Ceux qu'on élève par ce procédé, engraissent plus vite et sont toujours plus blancs que les autres. Il y a des personnes qui, au lieu de casser les pattes, les attachent légèrement pour tenir le jeune oiseau immobile ; mais cette méthode ne vaut pas la première.

Moi. — Qu'importe ? elle est moins barbare, et fait honneur à ceux qui, par un sentiment d'humanité, sans doute, la suivent de préférence.

Le pastor. — Oh ! détrompez-vous, seigneur ; ce n'est point par compassion que ces personnes agissent ainsi ; elles ne sont moins cruelles que par spéculation ; si elles ne brisent point les pattes à leurs jeunes oiseaux, c'est qu'elles prétendent que cette opération cause une douleur dont la maigreur doit être la suite. Mais elles sont à ce sujet dans une grande erreur. Il va sans dire, en effet, que tant que les petits font des efforts pour détacher les liens qui les captivent, ils ne restent jamais en repos, et que l'espèce d'exercice continuel dans lequel ils vivent, est bien loin d'augmenter leur corpulence ; au lieu que la fracture des pattes ne leur cause de la douleur que pendant deux, ou tout au plus pendant trois jours, et qu'elle leur ôte ensuite toute espérance de courir.

Moi. — Dis-nous, pastor, à quoi servent ces quatre pots enduits de plâtre, que nous voyons suspendus dans les coins du colombier ?

Le *pastor.* — Je vous ai dit, seigneur, que mon maître Lentiscus veut se convaincre, par des preuves irrécusables, des erreurs nombreuses préconisées, comme moyens excellents, non seulement par le vulgaire ignorant et superstitieux, mais encore par nos plus célèbres écrivains. Quant à ces quatre pots, il va sans dire que mon maître n'a jamais, le moins du monde, ajouté foi à l'effet extraordinaire que beaucoup de personnes leur attribuent ; mais il tient à prouver à ces esprits crédules combien leur croyance est absurde. Je vous ai parlé tout-à-l'heure de l'aversion que le pigeon conçoit quelquefois pour son colombier ; eh bien ! pour l'empêcher de s'enfuir, on prend les petits d'une espèce d'oiseau que les gens de la campagne appellent *tinnunculus* [1], et qui fait son nid dans les bâtiments. On prend ces petits, dis-je, et on les enferme, tout vivants, dans des pots de terre, qu'on enduit de plâtre après les avoir couverts, et qu'on suspend ensuite de la manière que vous voyez. Par ce moyen, s'il faut en croire ceux qui, certes, n'en ont jamais fait l'expérience, le pigeon s'attache si fort au lieu qu'il habite, qu'il ne l'abandonne jamais. D'autres prétendent qu'on obtient le même résultat en enterrant le corps de cet oiseau lui-même, aux quatre coins du colombier, dans des pots neufs bien lutés. Le tinnunculus est encore le héros d'un autre conte : il y a des gens qui affirment que pour protéger les pigeons contre l'un de leurs plus redoutables ennemis ailés, pendant leurs excursions, il n'y a pas de plus sûr moyen que de leur donner le tinnunculus pour compagnon. Notre grand naturaliste Pline, rapporte sérieusement le prodige ; bien plus, il cherche à l'expliquer. Pour défendre les pigeons contre l'épervier, dit-il, il faut tenir un tinnunculus avec eux : par une vertu

---

[1] On croit que c'est notre *cresserelle*.

qui lui est naturelle, cet oiseau intimide les éperviers au point qu'ils n'osent soutenir ni sa vue, ni son cri. Aussi, c'est encore Pline qui l'assure, les colombes ont-elles pour lui la plus tendre affection. C'est bien le cas, seigneurs, de s'écrier avec l'aimable poète, autrefois notre voisin : *credat judæus Apella* [1]. Il est évident, en effet, qu'un oiseau de proie, quel qu'il soit, doit être un mauvais protecteur pour les pigeons [2].

Moi. — Ta réflexion est tout-à-fait juste ; mais dis-nous, ces branches éparpillées dans ton colombier, ont-elles aussi une destination ?

Le *pastor.* — Sans aucun doute : vous voyez que ce sont des branches d'arbrisseau, raboteuses et garnies de feuilles. On veut qu'elles mettent les pigeons en sûreté contre les fouines. L'écrivain Palladius qui nous recommande ce procédé, nous apprend encore qu'on peut, avec le même succès, remplacer ces branches par une bottine de genêt qui aura servi à chausser des animaux : mais, ajoute ce crédule auteur, et ceci peut vous donner la mesure de

[1] *Que le juif Apella le croie.*

[2] Cette réflexion judicieuse a été faite par M. G. CUVIER dans une de ses notes sur le Xe livre de PLINE : édit. de Panckoucke, 1840.

la valeur des autres conseils qu'il recommande de mettre en pratique, il faut que celui qui apporte cette bottine, soit seul et n'ait été vu de personne.

Moi. — Et ces petites branches de rue que nous voyons suspendues çà et là ?

Le *pastor.* — Elles doivent, toujours si l'on en croit Palladius, écarter les animaux nuisibles du colombier.

Moi. — Et ces bouts de cordes et de courroies placés à chaque fenêtre ?

Le *pastor.* — Ces cordes et ces courroies, seigneur, ont servi à lier et à pendre des criminels. On en garnit les fenêtres pour empêcher que les pigeons ne meurent et ne se perdent ; c'est encore un procédé préconisé par notre bon Palladius.

Moi. — Il y a donc bien des superstitions accréditées parmi ceux qui élèvent des pigeons ?

Le *pastor.* — Eh ! seigneur, je n'en finirais pas, s'il me fallait vous en faire l'énumération. C'est ainsi, par exemple, que quelques-uns affirment qu'un ramier abandonne son nid quand son nom est prononcé sous le toit où il couve ; — que pour préparer leurs petits à recevoir les aliments, les mères leur soufflent dans le bec une terre salée qu'elles tiennent en réserve dans leur gosier ; — que si on nourrit assidûment les pigeons de cumin, ou qu'on leur humecte le gousset de l'aile avec du beaume, ils en amènent d'autres au colombier ; — qu'en leur coupant les ailes pour les empêcher de s'envoler, il faut faire cette opération avec des ciseaux d'or, sans quoi elle est mortelle. — Mais à quoi bon, seigneur, vous parler de toutes ces erreurs, que l'expérience ne manquera pas de détruire un jour, et dont, depuis longtemps, le simple bon sens eût fait justice, si elles ne trouvaient pas un appui dans les écrits de nos auteurs ?

Moi. — Un mot encore : est-il vrai, comme je l'ai entendu dire, que le fumier qu'on retire des colombiers, passe pour un trésor dans l'agriculture ?

Le *pastor.* — Rien de plus vrai, et la grande estime qu'on lui accorde, est méritée à tous égards. Le fumier qui provient des oiseaux, — les oiseaux aquatiques exceptés, — est regardé comme le meilleur de tous, et celui des pigeons est mis au premier rang, à cause de cette chaleur qui lui est propre, et qui excite puissamment la fermentation de la terre. Seulement, il faut avoir soin de l'éparpiller dans les champs comme de la graine, et non le mettre en tas comme le fumier des bestiaux.

Moi. — Cette matière si précieuse aux agriculteurs, remplit encore , m'a-t-on assuré, un grand rôle dans la médecine : peux-tu nous en dire quelque chose ?

Le *pastor*. — Sans doute, seigneur, car, cent fois, mon maître m'a parlé des remèdes que les disciples d'Esculape prescrivent pour certaines maladies , et dont cette matière constitue le principal ingrédient.

Moi. — Et quelles sont ces maladies ?

Le *pastor*. — En voici quelques-unes , seigneur : — Les taches livides à la figure et les meurtrissures : pour les faire disparaître, on applique dessus un cataplasme de fiente colombine. — Les stigmates imprimées sur la peau s'enlèvent à l'aide du même produit, délayé dans du vinaigre. — Souffre-t-on de la gorge ? on n'a qu'à se gargariser avec cette matière, mais, cette fois, détrempée dans du vin cuit. — Pour guérir les écrouelles, on se frotte avec de la fiente de pigeon, seule ou mêlée avec de la farine d'orge ou d'avoine, ou du vinaigre. — Vous êtes-vous brûlé ? vîte, un peu de cendres de cette impayable fiente, en liniment dans l'huile, et la guérison ne se fait pas attendre. — Les excroissances que l'on serait obligé de faire ronger par un acide, cèdent aussi à cette cendre. — Enfin, car je craindrais, seigneur, d'abuser de votre patience , on prétend que pour arrêter les hémorrhagies nasales, il n'y a rien de mieux que le sang d'un coq ou d'un pigeon [1].

Moi. — Merci, pastor, merci pour les curieux renseignements que tu viens de nous donner : accepte ces dix deniers ; et pour te prouver mieux encore combien nous sommes contents de toi, nous te promettons, mon compagnon et moi, que la première fois que nous verrons ton maître, nous lui ferons un brillant éloge de l'instruction et de la politesse de son *pastor columbarum ;* ce qui, sois en persuadé, ne contribuera pas peu à te faire jouir aussi promptement que nous le désirons, de cette heureuse liberté après laquelle tu aspires, et dont tu nous parais tout-à-fait digne.

Le pastor. — Que les dieux, seigneur, vous entendent et vous gardent !

---

[1] Tous ces remèdes sont rapportés par PLINE : *Hist. nat.* liv. XXX, passim.

CHAPITRE VII.

La colombe messagère.

J'ai entendu dire mille fois
que le pigeon est ramené vers le
colombier, *par son instinct :* soit ;
mais quelles sont les facultés physiques
qui viennent en aide à cet instinct et
le secondent dans ses merveilleux effets ? —
Jamais on n'a pu me donner une réponse
satisfaisante à cette question, ce qui me porte
à croire qu'on ne s'est point assez occupé jusqu'à
présent de cet étrange mystère : espérons que ce
sera à notre siècle qu'appartiendra encore l'honneur

de le dévoiler. Quoiqu'il en soit, voyons maintenant les services signalés que la colombe a rendus aux hommes en maintes circonstances.

L'usage de se servir du pigeon pour porter des messages, se perd dans la nuit des temps : il remonte probablement à l'époque même où cet oiseau reçut un asile au milieu des cabanes que les premiers habitants de la terre se construisirent. Il est impossible, en effet, que ceux-ci n'aient pas remarqué tout d'abord l'admirable fidélité avec laquelle le pigeon retourne toujours à son logement ; et les grandes difficultés que présentaient les voies de communication entre les diverses peuplades, nées les unes des autres, et séparées par des fleuves, des forêts, des chaînes de montagnes, ont dû faire venir, tout naturellement, me semble-t-il, l'idée de mettre cette fidélité à profit. Nous savons déjà que les Grecs en tiraient de précieux avantages, et qu'ils la firent connaître aux Romains. — Avant la mémorable époque où ces derniers s'enrichirent de la civilisation d'Athènes et de Corinthe, on se servait, en Italie, d'hirondelles au lieu de colombes, en guise de courriers. Pline rapporte [1] qu'un Cécina de Volaterre, de

---

[1] *Hist. nat.* lib. X. c. 34.

l'ordre équestre, entrepreneur de chars pour les
jeux, emportait des hirondelles à Rome, et les
renvoyait pour annoncer à ses amis le succès des
courses. Elles revenaient dans leurs nids, peintes
de la couleur victorieuse. Le même auteur cite un
second exemple tiré des Annales du plus ancien
historien romain, Fabius Pictor [1]. Une garnison
romaine étant assiégée par les Liguriens, on apporta
à Fabius une hirondelle prise dans son nid, afin
qu'en lui attachant une ficelle à la patte, il fit connaître aux assiégés, par le nombre des nœuds, le
jour qu'ils seraient secourus, pour qu'ils fissent en
même temps une sortie.

L'hirondelle n'est pas du reste le seul oiseau dont,
en pareilles circonstances, on fit usage dans l'antiquité. Un roi d'Égypte, du nom de Marrès, avait une
corneille si admirablement dressée, que, si l'on en
croit Élien [2], elle portait rapidement des lettres
dans toutes les directions : on n'avait qu'à lui indiquer l'endroit. J'ai parlé déjà du tombeau que Marrès
fit élever pour honorer la mémoire de cet oiseau.

C'est du temps de Varron, c'est-à-dire, un demi
siècle après la conquête de la Grèce, que les Romains

[1] Cet historien vivait 220 avant J.-C.
[2] *De anim. nat.*, lib. VI, c. 7.

commencèrent à confier des missives aux pigeons. Une conséquence bien connue, dit ce docte écrivain [1], de l'instinct qui reconduit le pigeon au lieu d'où il est parti, c'est l'habitude qu'ont prise certaines personnes d'en apporter dans leur sein au théâtre, pour leur y donner la volée ; — ce qu'elles ne feraient pas, si elles n'avaient pas la certitude de voir ces pigeons revenir au logis.

Cette réflexion de Varron prouve à l'évidence que l'habitude dont il parle, et par conséquent la connaissance de l'instinct du pigeon, étaient encore de fraîche date chez les Romains. Quoiqu'il en soit, Juste-Lipse [2] croit, et avec raison, que ce qui se passait au théâtre, servit d'exemple à la garnison romaine lors du siége de Mutine [3], qui eut lieu 44 ans avant Jésus-Christ. Decimus Brutus, renfermé dans cette ville par Antoine, recevait, par l'entremise de pigeons, des nouvelles fréquentes du consul Hirtius. — Que servaient, demande Pline, qui rapporte ce fait [4], que servaient à Antoine les profondeurs des retranchements, la vigilance des soldats, les filets tendus dans

[1] *De re rustica*, lib. III, c. 7.
[2] *Saturnal. Serm.*, lib. II.
[3] Modène.
[4] *Hist. nat.*, lib. X., c. 53.

toute la largeur du fleuve, quand le courrier prenait sa route par le ciel ? — On voit que Jean Dousa [1] n'a fait que mettre en vers ce passage du naturaliste latin, lorsqu'il dit dans son poème intitulé : *Obsidio Leydensis* :

> Quid vigil obsidio, quid arces,
> Aut valla prosunt, per spatia invii
> Eunte cœli nuncio ?

Frontin, dans ses *Stratagèmes de guerre* [2], nous explique comment Brutus et Hirtius s'y prenaient pour faire arriver les pigeons dans la place. Après les avoir renfermés dans des lieux obscurs, et leur avoir fait endurer la faim, Hirtius leur attachait des lettres au cou, au moyen d'une soie [3], et les lâchait ensuite à l'endroit le plus rapproché des remparts. Les pigeons, avides de revoir la lumière et de trouver de la nourriture, volaient vers les faîtes des édifices de la ville, où ils étaient pris par Brutus, qui apprenait ainsi ce qui se passait au-dehors, surtout lorsqu'en plaçant de la nourriture en certains

---

[1] Ou Jean Van der Does, littérateur, diplomate et guerrier hollandais ; né en 1545, mort en 1604.

[2] Lib. III. — Frontin naquit vers l'an 40 de J.-C. et mourut vers l'an 106.

[3] *Seta,* un poil de porc.

endroits, il eut accoutumé ces messagers à venir s'y reposer.

Les Romains ont-ils eu recours aux pigeons en d'autres circonstances importantes encore que celle du siége de Modène ? On n'en saurait douter, me semble-t-il. Ce premier essai avait trop bien réussi pour ne pas le renouveler dans la suite, chaque fois que les communications étaient impossibles par tout autre chemin que celui du ciel. Nous trouvons du reste dans Martial une *épigramme* [1] qui autorise à croire que, dans la suite, les particuliers de Rome, de même que ceux d'Athènes, se servirent de notre oiseau pour correspondre entre eux. Voici une imitation extrêmement heureuse de cette charmante petite pièce du poète latin ; elle est due à la plume élégante de M. Ernest Buschmann :

---

[1] *De columba Aretullæ.*

Aëra per tacitum delapsa sedentis in ipsos
    Fluxit, Aretullæ, blanda columba sinus.
Luserat hoc casus : nisi in observata maneret,
    Permissâque sibi nollet abire fugà.
Si meliora piæ fas est sperare sorori,
    Et dominum mundi flectere vota valent ;
Hæc à Sardois tibi forsitan exulis oris,
    Fratre reversuro, nuncia venit avis.

MARTIALIS *Epigram.*, lib. VIII, ep. 52.

Martial, né en Espagne vers l'an 40, mourut vers l'an 103

Sur la Colombe d'Arétulla [1].

Tandis qu'Arétulla rêveuse était assise,
    Une colombe qui divise
L'air, de son aile blanche au léger battement,
Vint sur son jeune sein se poser doucement.
N'est-ce là qu'un hasard ?... Non, car la fuite est sûre,
Et l'oiseau s'y refuse. — Oh ! s'il nous est permis,
Arétulla, d'y voir un favorable augure,
Si le maître du monde, à qui tout est soumis,
Daigne écouter les vœux de ton âme qui saigne,
Peut-être cet oiseau , beau messager ailé,
    Vient des côtes de la Sardaigne,
T'annoncer le retour de ton frère exilé !

Dans l'Orient, l'usage des colombes messagères appartient à la plus haute antiquité ; cependant il ne s'en trouve pas, que je sache, de preuves historiques plus anciennes que celles qui se rattachent aux croisades. Quelques savants, dit M. Michaud [2], ne font pas remonter les messages des pigeons au-delà du règne de Nour-Eddin, qui imagina, comme on sait, d'organiser des postes régulières servies par des colombes. Le célèbre auteur de l'histoire des guerres saintes, fait remarquer que ce moyen de communication était

---

[1] Pour comprendre cette pièce , il faut savoir que l'empereur Domitien avait exilé en Sardaigne le frère d'Arétulla, et que ce malheureux, tendrement aimé de sa sœur, ne cessait de demander son rappel.

[2] *Hist. des crois.*, note du liv. III, anno 1098.

très-ancien en Asie, mais qu'avant Nour-Eddin, il n'était employé que par accident et selon la fantaisie des particuliers. — Il est évident, en effet, que cet usage a dû exister bien longtemps avant que l'illustre sultan de Syrie et d'Égypte, conçût l'ingénieuse idée de l'exploiter au profit de l'utilité publique.

Ce qui prouve, dans tous les cas, que les savants dont parle M. Michaud, se trompent, c'est qu'il est fait mention, par les écrivains du moyen âge, de pigeons remplissant les fonctions de courriers, à des époques bien antérieures à celle de Nour-Eddin, qui ne monta sur le trône d'Alep qu'en 1145.

Le chroniquer Albert d'Aix raconte [1] que la veuve d'un chevalier chrétien nommé Fulcher de Bouillon, étant tombée entre les mains des Infidèles, devint l'épouse du gouverneur musulman du château de Hasart. Ce chef se révolta contre son seigneur, Rodvan, prince d'Alep. Menacé des armes de son suzerain, il songea, d'après le conseil de sa femme, à implorer l'aide de Godefroid de Bouillon, auquel il envoya en ambassade un chrétien de Syrie. Comme le château renfermait beaucoup de prisonniers chrétiens, et qu'il commandait la route d'Antioche à

---

[1] ALBERTUS AQ. lib. V. c. 9.

Édesse, Godefroid se montra disposé à traiter ; mais il demanda d'abord en otage le fils du gouverneur. Un arrangement fut conclu, et ce fut au moyen de colombes que le chef musulman reçut avis de l'issue des négociations. Godefroid et tous ceux qui étaient avec lui, ajoute le chroniqueur, furent dans l'admiration, en voyant cette manière de correspondre. *Dux et universi, qui cum eo aderant, de hoc avium emissione mirantur.*

C'est encore à la première expédition qu'appartient l'épisode suivant, dans lequel nous voyons un pigeon révéler miraculeusement, pour ainsi dire, aux croisés, une infâme trahison tramée contre eux par l'émir de Ptolémaïs (St.-Jean d'Acre). — Les soldats du Christ étaient arrivés devant cette ville : l'émir qui y commandait pour le calife d'Égypte, leur envoya des vivres, et leur promit de se rendre lorsqu'ils seraient maîtres de Jérusalem. Cette promesse, qui n'était qu'une ruse de guerre, causa une joie d'autant plus grande aux Francs qu'ils n'avaient pas l'intention d'attaquer la ville ; mais ils ne tardèrent pas à connaître la perfidie de l'émir. L'armée, après avoir quitté les plaines de Ptolémaïs, s'était dirigée entre la mer et le mont Carmel, et campait près de l'étang de Césarée, lorsqu'une colombe, échappée des serres d'un oiseau de proie, tomba sans vie au milieu des soldats chrétiens. L'évêque d'Apt, qui ramassa cet oiseau, trouva sous ses ailes une lettre écrite par l'émir de Ptolémaïs à celui de Césarée. « La race maudite des chrétiens, disait l'émir, vient de traverser mon territoire ; elle va passer sur le vôtre : que tous les chefs des villes musulmanes soient avertis de sa marche, et qu'ils prennent des mesures pour écraser nos ennemis. » Cette lettre fut lue dans le conseil des princes et devant toute l'armée. Les croisés, au rapport de Raymond d'Agiles, témoin oculaire, firent éclater leur surprise et leur joie, et ne doutèrent plus que Dieu ne protégeât leur entreprise, puisqu'il leur envoyait les oiseaux du ciel pour leur révéler les secrets des Infidèles [1].

M. Michaud ajoute dans une note, et sa remarque paraît on ne peut plus fondée, que c'est évidemment ce récit de Raymond d'Agiles qui a inspiré au Tasse la fiction de son XVIIIe livre, dans lequel un pigeon qui se dirigeait vers Solime, est poursuivi par un faucon et s'abat sur les genoux de Godefroid.

Si le pigeon, tombé entre les mains des chrétiens

---

[1] MICHAUD, liv. IV, anno 1099.

près de Césarée, leur rendit un service éminent, un autre messager ailé ne leur fut pas moins utile au siége de Tyr. On sait que c'est sous Baudouin II que cette ville fut ajoutée à la domination des chrétiens, et que, par conséquent, cet événement est encore antérieur au règne de Nour-Eddin [1]. Pendant que les croisés entouraient l'antique *Reine des mers*, ils remarquèrent qu'une colombe sortait fréquemment de la ville et y rentrait quelque temps après : ils se doutèrent aussitôt qu'elle servait d'intermédiaire entre les assiégés et leurs alliés, et qu'elle instruisait les premiers de tout ce qui se passait au-dehors. Il leur importait donc vivement de s'emparer de cet oiseau ; mais comment faire pour y parvenir ? Les traits de l'arbalète ne pouvaient l'atteindre dans son vol élevé. Enfin, on résolut que la première fois qu'il paraîtrait encore, l'armée entière, tant les troupes de mer que celles de terre, pousserait des cris étourdissants. Ce moyen ingénieux réussit, dit-on, à merveille ; la colombe épouvantée, abassourdie et comme précipitée par un ouragan, tomba sur le sol, ce qui remplit de joie les soldats du Christ : ils s'empressèrent de prendre connaissance du message

---

[1] Baudouin fut roi de Jérusalem de 1118 à 1131.

que la colombe devait transmettre, ce jour-là, aux Tyriens. « Des secours ne tarderont pas à vous arriver, écrivait-on à ceux-ci ; prenez courage, tenez ferme, et attendez. » Sur le champ, ce message est remplacé par un autre, tracé également en caractères barbares, et dans lequel on apprend aux assiégés que tout est perdu ; qu'ils ont satisfait à ce qu'exigeaient d'eux l'honneur et la fidélité ; que la fortune les trahit ; enfin, qu'ils ne doivent plus espérer d'être secourus, l'ennemi ayant intercepté toutes les communications.

Chargée de ces trompeuses nouvelles, la colombe fut remise en liberté. Qu'on juge de la surprise et de la consternation des habitants de la ville. Abandonnés à eux-mêmes, que pouvaient-ils désormais ? Et puis, une plus longue résistance ne rendrait-elle pas plus terrible encore la vengeance des chrétiens devenus maîtres de la place ?..... Tous en étaient persuadés, et Tyr ouvrit ses portes à l'armée de Baudouin [1].

Il est probable, me paraît-il, que l'idée du moyen singulier dont les croisés se servirent en cette circonstance, fut suggérée par la connaissance qu'avait

---

[1] Ce fait est rapporté par JUSTE-LIPSE, *Epist. Cent. ad Ital. et Hisp.*, épist. 59. J'ignore de quelle source cet écrivain l'a tiré.

l'un ou l'autre chef, de ce qui s'était passé, au dire de quelques historiens, deux siècles avant Jésus-Christ, aux jeux néméens, lorsque le consul Flaminius, fit annoncer, par un crieur public, que les Grecs étaient remis en liberté. — En apprenant cette grande et heureuse nouvelle, tous les assistants, à ce que l'on raconte, jetèrent des cris de joie tellement bruyants, que les oiseaux qui, par hasard, passaient en ce moment au-dessus de leurs têtes, tombèrent éperdus dans l'arène.

Pour moi, j'avoue que je ne crois pas plus à cette anecdote, qu'à celle de la colombe de Tyr.

Dans la quatrième croisade, en 1197, le prince d'Antioche étant venu se joindre aux chétiens, il envoya une colombe dans sa capitale, pour annoncer à tous les habitants de sa principauté, les triomphes miraculeux des soldats de la croix [1]. Arnold de Lubeck, qui rapporte ce message, paraît craindre, dit M. Michaud, qu'on n'ajoute pas foi à son récit, et croit devoir expliquer ce fait pour le faire croire. — Voici comment Arnold s'exprime dans le chapitre III de sa chronique : « Je vais parler maintenant d'un usage non pas ridicule, mais ridiculement emprunté par les chrétiens aux Gentils, qui, plus sages dans la conduite de leurs affaires que les enfants de lumière,

[1] MICHAUD, liv. IX, anno 1197.

inventent beaucoup de choses que nous ne connaîtrions pas, si nous ne les avions apprises d'eux par hasard. Quand ils sortent pour quelque affaire, ils emportent toujours avec eux des colombes qui ont ou des œufs ou des petits récemment éclos; et si, pendant leur voyage, ils veulent annoncer une nouvelle dans le lieu d'où ils sont partis, ils attachent, avec beaucoup d'habileté, une lettre à l'une de ces colombes et la laissent voler. Comme l'oiseau se hâte de rejoindre ses petits, il apporte rapidement aux amis de son maître, le message désiré ».

Cette ignorance où était l'Europe, à la fin du XIIe siècle, à l'égard d'un fait connu de toute l'antiquité, — je veux parler des avantages que l'on peut tirer de l'instinct du pigeon, — prouve d'une manière frappante, que rien à cette époque, n'avait pénétré encore en Occident, ni de la civilisation grecque ou romaine, ni de celle de l'Orient. Cette seule particularité suffirait, au besoin, pour nous donner une idée de la profonde barbarie de nos pères au moyen âge, et cette particularité est d'autant plus remarquable, que, depuis plusieurs siècles, on élevait des pigeons dans divers pays de l'Europe, comme nous le verrons plus loin par deux capitulaires donnés l'un, en 630, par Dagobert et l'autre par Charlemagne, en 800.

M. Wilken, dans son Histoire des croisades [1], nous apprend que la garnison musulmane de Ptolémaïs, assiégée par les chrétiens en 1190, entretenait une correspondance active avec le sultan Saladin, qui essayait en vain de rompre les lignes des assiégeants, et que cette correspondance se faisait au moyen de pigeons, sous les ailes desquels on attachait des lettres. Voici, ajoute l'historien allemand, un passage, tiré d'un écrivain contemporain arabe, (Omad,) et reproduit par le chroniqueur oriental Abu Schamah dans son histoire de Saladin, dont le manuscrit se trouve à la bibliothèque royale de Paris. « Il y avait dans le camp du sultan un soldat qui s'amusait à dresser des colombes à voler autour de sa tente et à y rentrer. Il avait construit une petite tour en bois plus léger que du roseau, et il habitua, par degrés, les colombes à voler toujours plus loin et à revenir. Nous lui dîmes qu'il se donnait des peines inutiles ; mais pendant le siége de Ptolémaïs, nous apprîmes tout l'avantage qu'on pouvait tirer de ces oiseaux. Jour et nuit, nous demandions à cet homme des colombes dressées par lui, et elles finirent par devenir très-rares, parce que nous en avions envoyé en nombre considérable aux habitants de la ville. »

[1] Geschichte der Kreuzzüge, tom VI.

Au siége de Damiette par l'armée des croisés, en 1219, les musulmans employèrent encore des colombes pour communiquer avec la garnison et les habitants de la ville [1].

L'usage des pigeons messagers s'est toujours conservé en Asie, depuis les croisades jusqu'à nos jours. Un voyageur hollandais du XVIe siècle, nommé Jean Huygen Van Linschoten [2] nous dit dans son Voyage aux Indes-Orientales , que le Grand-Turc recevait sans cesse de tous ses royaumes et pays, et y envoyait de même, des communications portées par des pigeons. On se sert de ces oiseaux dans toute la Turquie, ajoute Van Linschoten : ils sont dressés à cela; on leur attache un petit anneau à la patte; on les transporte de Bassora et de Babylone à Alep et à Constantinople, ou bien de ces deux dernières villes aux deux premières, de sorte que si de la ville où le pigeon est retenu, on veut faire parvenir une nouvelle importante à celle d'où il a été apporté, on suspend tout simplement une lettre à l'anneau de sa patte, et on lui donne la volée. Ce qui paraîtra incroyable, ajoute le voyageur hollandais, bien que cela

---

[1] Wilken, loco cit.

[2] *Itinerario, voyage ofte schipvaert van Jan Huygen van Linschoten naer Oost ofte Portugaels Indien* , etc., Amsterdam , 1595.

m'ait été affirmé par beaucoup de personnes venues de la Turquie, c'est que ces pigeons traversent parfois un espace de mille milles, et même davantage.

Dans l'Orient, surtout dans la Syrie, dans l'Arabie et dans l'Egypte, dit le célèbre voyageur Tavernier [1], on dresse des pigeons à porter des billets sous leurs ailes, et à rapporter la réponse à ceux qui les ont envoyés. Le Mogol fait nourrir en beaucoup d'endroits, des pigeons qui servent à porter des lettres dans les occasions où l'on a besoin d'une extrême diligence ; ils les portent d'un bout de ses États à l'autre. Tous les jours le consul d'Alexandrette envoie des nouvelles à Alep, en cinq heures, quoique ces villes soient éloignées de trois journées de cheval.

Les caravanes qui voyagent en Arabie, font savoir leur marche aux souverains arabes, avec qui elles sont entrées en alliance, par des pigeons à qui on met un billet sous l'aile [2]. Ces oiseaux vont avec une rapidité et une promptitude extraordinaires, et reviennent avec encore plus de diligence, pour se rendre au lieu où ils ont été nourris et où ils ont leurs nids. On a souvent vu de ces pigeons couchés sur le sable, le ventre en

---

[1] Voy. *Dict. de la Bible,* par dom CALMET, art. *colombe.* — La distance d'Alexandrette à Alep, est de 124 kilomètres.

[2] *Relation des Caravanes ;* Voy. dom CALMET, loco cit.

l'air et le bec ouvert, attendant la rosée pour se rafraîchir et reprendre haleine.

Dans une lettre adressée en 1675, par un missionnaire jésuite à M. Savary, agent-général des affaires du duc de Mantoue en France [1], nous lisons les détails suivants : Le 21 nous arrivâmes à Alep, accompagnés d'un grand nombre de Français qui étaient venus au-devant de nous. Ils avaient appris l'arrivée de notre vaisseau à Alexandrette, par des pigeons qu'on avait lâchés avec un billet sous l'aile, et qui s'en étaient retournés à Alep, d'où on les apporte dans des cages. Ces messagers volants sont fort communs dans ce pays ; ils vont même de Bassora à Bagdad, qui en est éloigné de plus de cent lieues [2].

Comme on a pu le remarquer, c'est généralement sous l'aile que les Orientaux avaient, et ont peut-être encore aujourd'hui, l'habitude d'attacher le message. Tout le monde sait parmi nous, que ce mode a de fâcheux inconvénients que l'on prévient en liant le billet à l'une des plumes de la queue, au moyen d'un fil de laiton d'une extrême ténuité et qu'en flamand on appelle *citerdraed* (fil de sistre).

---

[1] *Lettres édif. et curieuses*, tom. III de l'édit. de Paris 1830.

[2] La distance entre ces deux villes est de 410 kilom.

Ce n'est pas en Asie seulement, mais encore en Égypte que l'on confiait des lettres à notre oiseau. Juste-Lipse dit avoir lu dans un écrivain du nom de Bernard Bredenbach [1] qui avait visité la Syrie et l'Égypte, que le gouverneur d'Alexandrie, appelé *Amiral* par les Sarrasins, alors maîtres du pays, avait toujours avec lui des colombes si bien instruites que partout où on les portait, elles revenaient incontinent, au palais, et même sur la table de leur maître. C'était dans la fidélité de ces oiseaux que l'amiral plaçait en grande partie sa sûreté, ainsi que celle de la ville, et voici comment. Chaque jour des gardes étaient envoyés en mer pour visiter les vaisseaux qui arrivaient de loin, et se convaincre ainsi qu'ils ne renfermaient point de soldats. Ces gardes emportaient deux ou trois de ces pigeons avec eux, et dès qu'ils avaient appris quelque chose d'important, ils attachaient un billet au cou d'un de leurs courriers ailés, qui se rendait aussitôt auprès du gouverneur. Si dans la journée il se présentait quelqu'autre incident dont ils crussent devoir instruire ce dernier, ils lui envoyaient une autre colombe, et grâce à ce moyen ingénieux,

[1] In Bernardo quodam BREDENBACHIO; *Epist. cent. ad Ital. et Hisp.* Ep. 59.

l'entrée du port et de la ville jouissait d'une parfaite sécurité.

Toutes les villes et les villages de la Haute et Basse-Égypte, dit le célèbre missionnaire Sicard [1], ont des colombiers sur les toits de la plupart des maisons, ou dans un coin de la basse-cour, avec cette différence que les colombiers de la Haute-Égypte représentent une tour carrée, et que ceux de la Basse-Égypte sont composés de plusieurs tourelles faites en cône, et construites en rond. On dit communément dans le Saïd, qu'un père de famille qui est à son aise, ne donnerait pas sa fille en mariage à un jeune homme qui n'aurait pas chez lui un colombier.

A quelle époque les peuples occidentaux ont-ils commencé à se servir de pigeons voyageurs ? C'est ce que l'on ne saurait dire ; il est probable que l'usage s'en introduisit parmi eux, avec tant d'autres, immédiatement après les croisades. Mais ce qui est certain, c'est que depuis près de trois siècles, la colombe, comme oiseau messager, jouit dans l'Europe entière, d'une célébrité aussi grande que celle dont elle était, de temps immémorial, en possession dans

---

[1] Lettre adressée au comte de Toulouse, 1716 ; Voy. *Lett. édif. et cur.* Paris 1830, tom. VIII.

l'Orient. Cette renommée lui fut acquise lors des siéges de Haarlem et de Leyde, ces deux lugubres, mais glorieuses pages de l'histoire des Pays-Bas [1]. Les services que les pigeons rendirent aux malheureux concitoyens du magnanime Vander Werff et à ceux de la valeureuse Kenau Hasselaar, leur ont valu depuis, de la part de tous les Hollandais, une affection qui ne s'est jamais affaiblie. Voici ce que Juste-Lipse fait dire au poète Dousa [2] : — Les colombes sont en grande vénération chez nous autres Bataves, et ce n'est pas sans raison, puisque nous leur devons la vie. Ce sont elles, en effet, qui, lorsque nous étions assiégés, faisaient connaître à nos alliés notre affreuse position, et qui, au moment où nous allions être perdus, nous apportèrent la nouvelle d'un puissant secours.

La vénération que les Hollandais avaient pour les colombes du temps de Juste-Lipse, c'est-à-dire il y a plus de deux siècles, subsiste encore maintenant dans toute sa force, témoin ce qui se passe chaque jour dans la ville de Rotterdam, où l'on voit un nombre considérable de ces oiseaux venir s'abattre dans le local de la Bourse pour ramasser les grains

[1] Le siége de Haarlem eut lieu en 1572 et 1573, et celui de Leyde en 1574.

[2] *Saturn. Serm.* lib. II. Édit. d'Anvers, 1637.

échappés des mains des marchands. Nul n'oserait, nul ne voudrait leur faire le moindre mal ; les *gamins* eux-mêmes les aiment et les respectent ; aussi, la confiance avec laquelle ils exploitent cette terre promise, est si grande, qu'ils y affluent, et s'y promènent à l'heure où des centaines de personnes y sont réunies, tout aussi tranquillement qu'aux autres heures de la journée, lorsque le local est peu fréquenté. Souvent on laisse tomber des grains à leur intention. Un étranger, — un malheureux colombophobe, sans doute, — eut un jour l'imprudence de frapper un de ces pigeons avec sa canne ; mais il eut à s'en repentir aussitôt ; car tous ceux qui l'entouraient, lui firent comprendre par un regard et par des gestes non équivoques, l'indignation que cet acte de brutalité leur faisait éprouver.

Dans un journal rédigé jour par jour, heure par heure, un écrivain hollandais rapporte tous les événements qui eurent lieu dans ville de Haarlem, pendant les *trente et une semaines* que dura le siége [1]. Il va sans dire qu'il n'a pas manqué de faire mention des lettres qui furent apportées par des pigeons,

---

[1] *Korte historische aenteekeningen wegens het voorgevallene in de spaensche belegering der stad Haarlem in de jaaren* 1572 *en* 1573 : te Haarlem, 1729 ; door N. VAN ROOSWYK.

et qui, tour à tour, vinrent ranimer ou abattre le courage et les espérances de la population affamée. Voici quelques détails curieux à ce sujet.

Le 12 mai, on vit arriver dans la ville un messager ailé *(een vliegende post)*, apportant un billet attaché à l'une de ses pattes. On tira vingt-deux fois sur lui. — Le lendemain un deuxième messager fut encore envoyé vers la ville.

Le 8 juin, une colombe, lâchée par le seigneur de Batenburg, apprend aux habitants que le Prince d'Orange forcerait bientôt les Espagnols à lever le siége; mais cette annonce, dit l'auteur de la chronique, console fort peu les bourgeois. — Probablement qu'au milieu des souffrances que la famine commençait à leur faire ressentir, ils n'osaient croire à la possibilité d'un si grand succès.

Le 18, un pigeon apporte une missive écrite par le seigneur Goulyn, qui fait savoir aux assiégés que le Prince est à Leyde; que de Batenburg s'est posté entre Utrecht et Amsterdam pour arrêter les convois destinés à l'armée espagnole; enfin, que lui, Goulyn, avancera les affaires de la ville autant qu'il est en son pouvoir. Hélas! s'écrie Van Rooswyk, la misère et la faim étaient si grandes en ce moment, qu'à défaut d'aliments substantiels, on était réduit à manger des peaux de chevaux, et d'autres animaux.

Le jour suivant, le Prince écrit lui-même : le pigeon chargé de la lettre était un de ceux que le seigneur Serraats avait emportés avec lui de la ville. — Son Excellence s'étonne vivement de n'avoir pas reçu depuis longtemps un message de la part des assiégés en réponse de ceux qu'il leur avait expédiés lui-même par la voie des airs. — Aucun de ces derniers n'était arrivé dans la ville.

Le 24, le Prince fait parvenir une seconde lettre à la malheureuse population, et lui promet de venir la secourir sous peu. Cette promesse ne produisit pas, paraît-il, plus d'effet que celle du seigneur de Batenburg. Hélas! s'écrie encore notre chroniqueur, la faim était alors plus aigüe que jamais : il n'y avait plus d'autre nourriture que de la viande de chevaux et de chats ; des cuirs, des tourteaux de navet et du chènevis ; ce qui, ajoute-t-il, — et tout le monde l'en croira volontiers sur parole, — ce qui n'était nullement appétissant [1].

---

[1] Maar helaas! op dezen tijd was den honger noch al scherper; daar was nu niet meer in de stad te eeten als paarden, huiden, katten, raapsbrood, kennipzaad . enz., *dat gants niet smaakelyk om te eeten was.*

Le 28, encore un billet de son Excellence, et, cette fois, grande joie dans la ville. Van Rooswyck ne dit rien du contenu de ce billet; mais on peut conjecturer que le Taciturne engageait les assiégés à faire une sortie, la nuit, leur promettant que l'armée des États viendrait à leur rencontre pour agir de concert avec eux. — La nuit étant venue, les habitants sortirent, en effet, de la ville, au nombre de mille environ, portant tous des chemises blanches par dessus leurs vêtements. — Il est presqu'inutile de dire qu'ils imaginèrent cette mesure de précaution afin de pouvoir se reconnaître facilement les uns les autres, dans l'obscurité, pendant qu'ils en seraient aux mains avec les Espagnols. — Leur courageuse tentative demeura sans résultat, car les soldats des vaisseaux du Prince ne bougèrent point; ce qui affligea profondément toute la population.

Le 30, un pigeon apporte deux lettres; — grande fut de nouveau la joie des habitants; mais elle ne devait durer que quelques heures, car le surlendemain, on se vit enfin forcé de déployer un drapeau noir sur la principale tour de Haarlem, pour faire connaître à Guillaume et à son armée, l'affreuse extrémité où l'on était réduit.

Le 4 juillet, le funèbre signal flotte une seconde fois

dans les airs. La désolation est générale, le désespoir est à son comble..... Cependant un pigeon arrive ; il est envoyé par le Prince : que vient-il annoncer ? La délivrance de la ville ! — Son Excellence, en effet, fait savoir à ses infortunés compatriotes que, la nuit suivante, il leur fera parvenir des vivres et qu'il forcera l'ennemi à lever le siége. — On renaît à la vie, et l'on attend la fin du jour avec une indicible impatience. Le soir tombe enfin, et une partie des soldats de la garnison, revêtus, comme la première fois, de chemises blanches, se glisse hors de la ville, pour se joindre aux troupes, qui, d'après la promesse de Guillaume, devaient venir attaquer les assiégeants. — Ces braves furent encore trompés dans leurs espérances ; ils attendirent pendant plusieurs heures ; mais aucun homme ne descendit des vaisseaux du Prince.

Enfin, le 9 juillet, — jour de malheur et de deuil ! — une colombe vient apprendre tout-à-coup aux habitants de Haarlem que l'armée des États est détruite. Ainsi donc, plus d'espoir désormais. — La consternation et la douleur que cette nouvelle répandit dans la ville, ne sauraient se décrire. A quoi servait-il, maintenant, d'avoir montré tant d'héroïsme, d'avoir supporté si longtemps, la misère la plus affreuse, la famine la plus atroce ?..... Que n'avait-on pas à redouter de la fureur des Espagnols? La longue résistance qu'on leur avait faite, ne devait-elle pas rendre la vengeance plus cruelle, plus sanglante encore? Cela n'était que trop certain : aussi, quelques capitaines recommandèrent-ils aux hommes de leurs régiments de se préparer à sortir de la ville, où l'on abandonnerait les enfants et les femmes. Mais ce projet ayant été connu de ces infortunées, elles se rassemblèrent dans les rues et les places publiques, en poussant des cris déchirants. Le tumulte fut si grand, qu'on ne trouva aucun moyen de l'apaiser; il fallut donc renoncer à l'horrible résolution que le désespoir seul avait pu inspirer.

Le lendemain la population se disposa à quitter la ville, mais tout entière à la fois. Il fut ordonné que sept bataillons, composés la plupart d'arquebusiers, ouvriraient la marche ; qu'ils seraient suivis des membres du conseil de la ville, des confréries et des bourgeois, avec les femmes et les enfants. L'arrière-garde devait être formée de neuf bataillons de soldats.

Pour le malheur de la ville, cette disposition ne fut pas exécutée, par suite d'une lettre qu'on reçut du duc d'Albe, dans laquelle ce représentant de

Philippe II, promettait de recevoir tous les habitants en grâce [1].

Le 12, les deux bourgmestres et quelques autres chefs, conclurent avec les Espagnols un premier accord touchant la reddition de la place. — Le lendemain, à 4 heures du matin, le magistrat assembla les bourgeois et les soldats, et leur demanda s'ils voulaient rester et se mettre à la merci du duc d'Albe [2], ou bien, s'ils préféraient quitter la ville, mais sans armes. Quelqu'embarrassante que fût l'alternative, on ne balança point ; soldats et bourgeois répondirent qu'ils aimaient mieux rester, s'abandonnant à la divine Providence, et résignés d'avance au sort qui les attendait, quel qu'il dût être.

A 9 heures, ceux qui avaient conclu la convention de la veille, se rendirent une seconde fois au camp ennemi pour la sanctionner définitivement. La ville fut rachetée du pillage pour la somme de 240,000 florins, payable en deux parties ; la première avant 12 jours, la seconde avant 5 mois.

Le contrat étant signé de part et d'autre, les

---

[1] Dat alle die in de stad waren, in genade zoude worden aengenomen.

[2] Of ze wilden *op genade en ongenade* van duc d'Alva in de stad blyven....

Espagnols prirent possession de cette héroïque cité,
que la famine seule faisait enfin tomber en leur
pouvoir. Le siége avait duré **217** jours!! — C'est le
14 juillet 1572, que don Frédéric, fils du duc d'Albe,
fit son entrée à Haarlem, et c'est le lendemain que
commença, pour ne se terminer que le 21 du mois
suivant, l'horrible boucherie qui contribua si puissamment à rendre la domination espagnole à jamais
exécrable aux Pays-Bas.

Au siége de Leyde, immortalisé, comme tout le
monde le sait, par le sublime dévouement du bourg-
mestre Vander Werff, on se servit également avec le
plus heureux succès, de messagers ailés. Un écrivain
contemporain [1] nous apprend que le 27 septembre
1574, l'amiral Louis de Boissot fit partir un pigeon
chargé d'une lettre adressée aux habitants de la
ville. Il les engageait à placer avec confiance en
Dieu, l'espoir de leur délivrance ; à demeurer fermes
dans la résolution qu'ils avaient prise de se défendre
vaillamment ; enfin, à ne laisser entrer aucun convoi
de vivres dans leurs murs, à moins qu'on ne le
vît, lui, Boissot, arriver en même temps, ou qu'on

---

[1] *Korte beschryvinge van de strenge belegeringe en wonderbare
verlossinge der stad Leiden, in den jaare* 1574, door JAN FRUYTIERS,
welke in dien tyd geleefd heeft. Haarlem, 1759.

n'eût la certitude que le convoi venait de sa part. Il craignait que les Espagnols n'eussent recours, pour pénétrer dans la place, à l'un ou l'autre stratagème dans lequel ils feraient usage de son nom. — On sait par quelle ruse ingénieuse les confédérés s'emparèrent, en 1590 de la ville de Bréda.

Soit qu'il s'égarât, soit qu'il fût tué par l'ennemi ou par un oiseau de proie, le pigeon de l'amiral n'arriva point à sa destination.

Un autre, lâché le lendemain, réussit mieux, et la satisfaction que la lettre dont il était porteur, répandit dans la ville, fut si vive que les magistrats firent mettre toutes les cloches en branle, pendant qu'ils donnèrent au peuple lecture de la bienheureuse missive. Elle annonçait que son Excellence s'était rendue elle-même à l'armée, et qu'elle avait pris toutes les mesures propres à secourir la ville ; qu'elle saluait amicalement tous les habitants de Leyde ; qu'elle désirait les voir persévérer encore un peu de temps dans leur fermeté ; enfin, qu'elle les assurait que le Dieu des armées pourvoirait aux moyens de leur délivrance.

On peut dire que le messager de cette lettre contribua puissamment au salut de Leyde, car cette missive augmenta encore le courage des assiégés, et leur fit oublier la famine qui déjà désolait la ville : ils remercièrent le ciel et prièrent sans interruption, ainsi que le faisaient toutes les autres villes alliées.

Mais bientôt la famine devint affreuse : heureux celui qui trouvait à se nourrir d'un lambeau de chair de cheval, de chien, ou de chat !.... Cependant, le souvenir des cruautés commises par les Espagnols à Naarden, à Zutphen, à Haarlem, indignait tellement les Leydois, qu'ils résolurent de résister jusqu'à la mort, et les femmes elles-mêmes les soutenaient dans cette magnanime détermination. Ils firent donc savoir à l'ennemi que si la faim les y forçait, ils mangeraient leur bras gauche, pendant qu'ils se serviraient de leur bras droit pour combattre le tyran et sa soldatesque avide de sang, *(bloeddorstigen hoop)* et que, quand il leur serait devenu impossible de lutter plus longtemps, ils mettraient le feu à la ville, plutôt que de devenir esclaves des Espagnols.

Tout le monde sait de quelle manière fut sauvée cette population dont la conduite, durant ce siége, a enrichi l'histoire moderne d'un des plus beaux épisodes.

Dans tous les faits que je viens de rapporter, c'est l'homme qui a recours à l'intelligence et à la fidélité de la colombe. Ce n'est pas à ce seul rôle que celle-ci devait borner sa renommée, comme oiseau messager : le ciel lui-même lui accorda l'honneur insigne de la charger d'une mission. On sait que ce fut une colombe qui, lors du sacre de Clovis, apporta la divine ampoule à Saint Rémy, pour oindre le front du fondateur de la monarchie française. C'est le célèbre archevêque de Rheims, Hinckmar [1] qui raconte ce miracle. D'autres écrivains prétendent que ce fut un ange, et non pas une colombe, qui remit le vase précieux au grand apôtre des Gaules. Quoiqu'il en soit, c'est la colombe qui a prévalu dans la tradition, comme le témoigne spécialement l'antique et riche reliquaire qui contenait l'ampoule, et qu'un stupide Vandale bonnet-rouge mit en pièces en 1793. Dans ce reliquaire, la sainte fiole était portée par une colombe d'or au bec de corail et aux pieds rouges [2].

[1] Il devint archevêque en 845, et mourut en 882.
[2] Voy. *le Magasin Pittoresque*, livraison de Février, 1846.

CHAPITRE VIII.

Emblèmes et allégories de la colombe.

—

J'ai parlé déjà, dans un chapitre précédent, de quelques emblêmes dont la colombe était autrefois le sujet ; en voici plusieurs autres encore, qu'il est intéressant de connaître.

Tout le monde sait que pendant le baptême du Sauveur, l'Esprit de Dieu descendit visiblement sur lui, sous la forme d'une colombe [2], et que c'est par

---

[1] Cette vignette, ainsi que celle qui suit, sont tirées du *Missale Romanum,* mentionné à la page 70.

[2] Et descendit corporali specie sicut columba in ipsum ; ST.-LUC. cap. III, v. 22.

cette image gracieuse, que la troisième personne de
la Trinité a toujours été représentée, depuis lors,
dans le christianisme.

Anciennement on plaçait cette image, dans les
baptistères, sur les tombeaux des saints, et au-dessus
des autels. Cet usage remonte aux premiers jours
du christianisme, comme on le voit par un fait
qui se passa au concile de Constantinople, tenu en
336. Dans ce concile, les moines d'Antioche accusè-
rent Sévère de s'être approprié les colombes suspendues au-dessus des autels et des fonds baptismaux :
c'est que ces colombes étaient d'or et d'argent. Les
premières étaient creuses, et servaient, comme aujourd'hui les ciboires, à renfermer le pain de la
Sainte Eucharistie. On ne peut douter que ce ne soit
à ces colombes que Saint Chrysostôme fait allusion
quand il dit, dans sa 31e homélie, que le corps du
Seigneur repose au-dessus de l'autel, revêtu, entouré,

du Saint-Esprit , *Spiritu Sancto convestitum.* — Le dais ou pavillon qui surmontait l'autel, recevait son nom de la colombe qui y était attachée : on l'appelait *peristerium,* du grec *péristera,* colombe : on le désignait encore des noms de *turris* et d'*ombraculum* [1]. — Un temple chrétien est appelé *domus columbæ, maison de la colombe,* par Tertulien, dans le 3ᵉ chapitre de son livre contre les Valentiniens. Ces hérétiques entouraient de mystères leur doctrine religieuse. Leur temple, dit Tertulien, est garni de portes et de voiles, pour qu'on ne puisse pénétrer dans l'intérieur, qu'après une longue initiation ; tandis que la *maison de la colombe,* bien plus simple, se trouve toujours dans des lieux élevés et exposés au grand jour [2].

L'église elle-même a été figurée par une colombe. Dans le manuscrit d'Herrade, dit M. Didron, on la voit représentée sous la forme d'une colombe, comme on figure la troisième personne divine, mais avec certaines particularités. L'avant du corps est argenté ; l'arrière est doré. Cette colombe a des ailes à la

---

[1] Voyez le savant ouvrage : *Antiquitatum Christianarum institutiones ,* auctore Jul. Laur. Salvaggio ; Mayence 1788 ; Liv. II, cap. 1, et liv. III, cap. 10.

[2] Salvaggio.

tête, des ailes aux épaules, des ailes aux pieds ; ces trois paires d'ailes la mènent, aussi vite que la parole, d'une extrémité de la terre à l'autre. Tout cela est emblématique, et le texte qui explique cette miniature, dit : « Cette colombe signifie l'église, qui est, par son éloquence divine, sonore comme de l'argent ; elle est ornée d'instruction et de sagesse pour qu'elle instruise les autres. Cette colombe est d'or, parce qu'elle est éclatante de charité ; l'or pâle ou rouge, qui couvre l'arrière de son dos, signifie l'amour des fidèles [1].

Ce n'est pas seulement au baptême du Sauveur que l'Esprit-Saint se manifesta en colombe : dans un grand nombre de légendes, il se montre également sous cette forme. — Le Saint-Esprit, comme un oiseau familier, dit encore M. Didron, vient se poser sur l'épaule droite du pape Grégoire-le-Grand ; la colombe cause avec le pape et lui inspire ses divers ouvrages. — Les œuvres de St.-Jérôme furent inspirées à ce grand saint par l'Esprit de Dieu. Ainsi l'on voit dans une très-belle miniature, une colombe soufflant dans l'oreille de St.-Jérôme, des rayons d'intelligence, et le saint écrit sous cette inspiration [2].

[1] *Histoire de Dieu*, pag. 443.
[2] *Ibid.* pag. 454.

Le savant auteur de l'Histoire de Dieu, fait remarquer que l'honneur d'être inspiré directement et visiblement par le Saint-Esprit, caché sous l'image d'une colombe, fut accordé encore à l'incomparable Grégoire VII, et que St.-Ephrem, de Syrie, déclarait avoir vu une colombe éclatante se poser sur l'épaule de Saint Basile-le-Grand, et dicter à ce père les beaux écrits que nous connaissons. — Tout cela, ajoute M. Didron, n'est qu'une imitation, comme on doit le sentir, de la descente du Saint-Esprit, en forme de colombe, sur les apôtres réunis dans le cénacle. Mahomet lui-même, qui sentait tout le crédit qu'un pareil phénomène pouvait donner à ses doctrines, avait dressé un pigeon à venir se poser sur son épaule, et l'oiseau y restait des heures entières. Le prophète arabe faisait passer cette colombe familière pour un messager céleste, chargé de lui révéler les ordres de dieu. — On sait que le terrible Odin avait deux corbeaux qui, placés sur ses épaules, lui racontaient tout ce qu'ils avaient vu et entendu de nouveau. Le Dieu les lâchait tous les jours, et après qu'ils avaient parcouru le monde, ils revenaient le soir vers l'heure du repos [5].

[5] Schayes, *Les Pays-Bas avant et pendant la dominat. rom.* tom. I, cap. 9.

Empruntons encore à M. Didron, le récit d'une charmante petite légende qui nous a été conservée par Grégoire de Tours. Tandis que les élèves chantaient des psaumes dans la cathédrale de Trèves, une colombe descendit de la voûte, voltigeant légèrement autour du jeune Arédius, que l'évêque Nicet élevait et instruisait. La colombe se reposa sur sa tête, pour indiquer qu'il était déjà rempli du Saint-Esprit; puis elle descendit sur son épaule. Quand Arédius rentra dans la cellule de l'évêque, elle y entra avec lui et ne voulut pas le quitter de plusieurs jours. Il retourna dans son pays de Limoges pour consoler sa mère, qui n'avait plus que lui [1].

Dans un autre endroit de ce volume, j'ai fait mention du sens emblématique attaché à la couleur blanche des colombes qui poétisent les relations de la mort de quelques martyrs; elle signifiait la pureté et l'innocence de l'âme de ces saints personnages. Il va sans dire que la colombe divine devait éclipser toutes les autres par sa blancheur. Cette blancheur, comme le remarque M. Didron, surpassait en éclat la neige même, ainsi que les textes le déclarent positivement. Cette colombe, ajoute-t-il, symbole d'un

1 *Hist. de Dieu*, p. 446.

Dieu, devait arborer la couleur où viennent se réunir symboliquement toutes les vertus. Le bec et les pattes sont rouges ordinairement ; c'est la couleur naturelle des colombes blanches [1].

La couleur blanche est, du reste, celle qu'affectionnent les colombes, à ce qu'assure Columelle [2] ; aussi conseille-t-il de revêtir tout le colombier, et les nids mêmes des pigeons, d'un enduit de blanc. C'est évidemment en songeant à ce passage de l'écrivain agronome latin, qu'un poète du XVIIe siècle [3] a écrit ces quatre vers :

> Pneuma sacrum niveæ quod pingitur ore columbæ
> Non est de nihilo, credite ; caussa subest :
> Ille Deus pacis, volucres hæ pacis ; amantque
> Candida tecta illæ, candida corda Deus.

Venons maintenant aux allégories morales dans lesquelles on retrouve notre oiseau ; là encore il s'est acquis une bien légitime illustration.

Nous savons déjà qu'il a toujours été regardé comme le symbole de la *Paix*, de la *Clémence* et de la *Douceur*. Il possède à un si haut degré cette dernière

---

[1] Ibid., p. 449.

[2] *De re rust.*, liv. VIII, c. 8.

[3] Le jésuite BERN. BAUHUSIUS ; *Epigr.* lib. I ; Antv. 1634.

qualité précieuse, qu'on a cru, pendant des siècles, qu'il n'avait point de fiel.

Non contente d'être l'emblême de l'amour qui sacrifie sur l'autel de Vénus la chaste, elle est encore celui de l'*Amour conjugal et paternel* J'ai parlé ailleurs de l'extrême tendresse que le pigeon prodigue à sa compagne et à sa jeune famille, ainsi que le témoignent Aristote, Varron, Pline, Columelle, Buffon, tous les naturalistes, en un mot.

J'ajouterai ici que la fécondité de cet oiseau étant extrême [1], sa vie presque tout entière s'écoule en douces affections. C'est ce que Florian a si bien exprimé dans sa charmante fable intitulée : *le Hibou et le Pigeon* [3]. Le lecteur, je pense, ne reverra pas sans plaisir, cette petite pièce, dans laquelle le caractère aimant de la colombe est dépeint de la manière la plus touchante.

> Que mon sort est affreux ! s'écriait un hibou :
> Vieux, infirme, souffrant, accablé de misère,
>   Je suis isolé sur la terre,
> Et jamais un oiseau n'est venu dans mon trou,
> Consoler un moment ma douleur solitaire.
>   Un pigeon entendit ces mots,

[1] Il produit neuf à dix couvées par an.
[2] Liv. IV, fab. 4.

Et courut auprès du malade :
Hélas ! mon pauvre camarade,
Lui dit-il, je plains bien vos maux.
Mais je ne comprends pas qu'un hibou de votre âge,
Soit sans épouse, sans parents,
Sans enfants ou petits-enfants.
N'avez-vous point serré les nœuds du mariage,
Pendant le cours de vos beaux ans ?
Le hibou répondit : Non, vraiment, mon cher frère,
Me marier ! et pourquoi faire ?
J'en connaissais trop le danger.
Vouliez-vous que je prisse une jeune chouette,
Bien étourdie et bien coquette,
Qui me trahit sans cesse ou me fit enrager,
Qui me donnât des fils d'un méchant caractère,
Ingrats, menteurs, mauvais sujets,
Désirant en secret le trépas de leur père ?
Car c'est ainsi qu'ils sont tous faits.
Pour des parents, je n'en ai guère,
Et ne les vis jamais : ils sont durs, exigeants,
Pour le moindre sujet s'irritent,
N'aiment que ceux dont ils héritent ;
Encor ne faut-il pas qu'ils attendent longtemps.
Tout frère ou tout cousin nous déteste et nous pille.
— Je ne suis pas de votre avis,
Répondit le pigeon. Mais parlons des amis ;
Des orphelins c'est la famille :
Vous avez dû près d'eux trouver quelques douceurs.
— Les amis, ils sont tous trompeurs.
J'ai connu deux hibous qui tendrement s'aimèrent
Pendant quinze ans, et certain jour,
Pour une souris s'égorgèrent.
Je crois à l'amitié moins encor qu'à l'amour.

> — Mais ainsi, Dieu me le pardonne!
> Vous n'avez donc aimé personne?
> — Ma foi, non, soit dit entre nous.
> — En ce cas-là, mon cher, de quoi vous plaignez-vous?

Qui croirait que, douée de tant de qualités estimables, notre colombe ait pu encourir le reproche de se laisser dominer par une si sotte et stupide vanité, qu'elle oublie, au moment du danger, le soin de sa propre conservation? C'est pourtant ce reproche-là que Pline lui adresse. Les colombes, dit-il, [1] paraissent avoir une idée de la gloire. Il semble qu'elles connaissent l'éclat et les nuances de leurs couleurs, et qu'en volant au haut des cieux, elles cherchent même à s'applaudir de leurs ailes, à varier leurs évolutions. Cette vaine ostentation les livre comme enchaînées à l'épervier, car ce bruit qu'elles font n'étant produit que par le choc des ailes, le désordre des pennes les arrête. Leur vol sans entraves est beaucoup plus prompt que celui de l'épervier. Le brigand les épie, caché dans un feuillage, et les saisit au sein même de leur gloire, *et gaudentem in ipsâ gloriâ rapit.* »

Ce passage de Pline et dix mille autres qui *embellissent* son Histoire naturelle, ne laissent aucun doute

---

[1] *Hist. nat.,* lib. X, cap. 52.

sur les succès brillants que cet écrivain aurait pu acquérir comme romancier.

Élien [1] parle aussi de ce vol désordonné, auquel les pigeons se livrent quelquefois, et il l'attribue à une tout autre cause : selon lui c'est une ruse de guerre que ces oiseaux employent pour dérouter l'ennemi qui les poursuit. Le stratagème dont ils se servent contre l'épervier, dit-il, mérite d'être connu. Quand ils sont pourchassés par cet oiseau, qui se tient habituellement dans les hautes régions, ils descendent aussitôt. Si l'épervier se trouve dans les régions inférieures, ils s'élèvent au dessus de lui, et sont alors pleins d'espoir et de confiance, parce qu'ils savent que leur persécuteur a de la peine à se porter rapidement au haut des airs.

Élien se trompe, lui aussi. — Voici comment les choses se passent. On sait que quand un épervier poursuit des pigeons, ceux-ci s'élèvent, en effet, fort haut dans les airs ; mais cette ascension ne doit point être attribuée à la connaissance qu'ils ont de la difficulté avec laquelle l'épervier atteint les régions supérieures : c'est l'oiseau de proie lui-même, au contraire qui, dans son intérêt, force ses victimes à monter toujours, en décrivant sous elles, des orbes

[1] *De Anim. nat.* lib. III, cap. 45.

immenses. Deux motifs le font agir ainsi; celui, d'a-
bord, d'éloigner le plus qu'il peut les pigeons de la
terre, et surtout des toits des maisons, où ils trou-
veraient un refuge assuré, et celui, en second lieu,
de les harasser de fatigue. Il est à remarquer que
l'épervier ne pénètre jamais, ou du moins très-rare-
ment, dans la troupe de pigeons auquel il fait la
chasse. C'est ce que les pigeons savent; aussi, ont-ils
le plus grand soin de se tenir ensemble, aussi longtemps que l'ennemi est là. Mais à la fin, le moment
arrive où la lassitude oblige l'un ou l'autre de ces
oiseaux, soit à se détacher de la troupe dont il ne
peut plus suivre les évolutions rapides, soit à se
laisser tomber, épuisé, éperdu. C'est de ce moment
que l'épervier profite avec une fatale intelligence;
prompt comme la foudre, il se lance sur sa proie,
la saisit, la tue et l'emporte au loin.

Les ruses mises en œuvre par cet oiseau contre
la pauvre race colombine, ont plus d'une fois été
décrites par les poètes : le père Vanière surtout
les a dépeintes d'une manière très-pittoresque, dans
le deuxième livre de sa *Maison rustique* [1].

---

[1] *Prœdium rusticum*, auctore P. Jac. Vanierio, è Soc. Jesu. —
La traduction de ce passage est tirée du *Journal des Savants*,
tom. 66, année 1719 : j'ignore qui en est l'auteur.

Loin de ton colombier chasse enfin le Milan,
Le plus fin des oiseaux, leur plus cruel tyran.
A tromper les pigeons il s'occupe sans cesse :
Qui compterait les tours qu'invente son adresse ?
Tantôt, il se suspend élevé dans les airs,
Tantôt, fait en volant mille cercles divers,
Pour cacher aux pigeons son dessein exécrable,
Ou pour les attaquer dans un temps favorable ;
Souvent, pour préparer dans un plus grand loisir
Les funestes moyens d'assouvir son désir,
Cet ennemi rusé sur un arbre se perche :
Il attend là sa proie, et des yeux il la cherche :
Alors si par malheur un pigeon imprudent
S'en retourne au logis d'un vol un peu trop lent,
Le traître qui le voit tout seul et sans défense,
Après lui dans les airs impétueux s'élance,
Le saisit, et soudain lui déchirant le flanc,
Se nourrit de sa chair, s'abreuve de son sang.

C'est par la colombe encore qu'on symbolise la *chasteté* et la *fidélité conjugale,* et c'est bien là une preuve manifeste, comme je l'ai dit déjà, que l'amour qui emprunte cet emblême, ne saurait être qu'un amour pur. Il va sans dire qu'en faisant mention de ces deux qualités qui distinguent si éminemment notre oiseau, les naturalistes anciens n'ont pas laissé échapper une si belle occasion de raconter encore des merveilles. — La première de leurs qualités est la chasteté, et l'adultère est inconnu chez eux, dit

Pline [1]. Fidèle au lien conjugal, chaque couple habite une maison commune. Nul ne quitte son nid s'il n'est veuf ou célibataire. La femelle trouve dans son mâle un maître quelquefois injuste, car il la soupçonne d'infidélité, contre son naturel : alors sa gorge s'enfle, il gronde et donne des coups de bec ; mais bientôt il répare ses torts par des baisers, etc.

Les détails qu'Élien nous donne à ce sujet sont bien autrement curieux [2] ; écoutons-le : — Les ramiers sont regardés comme les plus chastes des oiseaux. Le mâle et la femelle semblent être unis par le lien du mariage, et leur attachement réciproque est tel qu'aucun des deux ne touche à un autre nid. S'ils jettent des yeux de convoitise sur des nids étrangers, et deviennent infidèles, les autres ramiers les entourent et les déchirent, les mâles, les mâles, et les femelles, les femelles. Cette loi de chasteté est observée avec la même rigueur par les tourterelles ; elle l'est également par les colombes blanches, avec cette différence, toutefois, qu'elles ne font pas périr les deux coupables : elles ne tuent que le mâle ; quant à la femelle, touchées de compassion, elles ne la punissent

[1] *Hist. Nat.* lib. X, cap. 52. Voyez aussi Aristote, liv. IX, cap. 2.
[2] *De Animal. nat.*, lib. III. cap. 44.

pas , et lui permettent de passer le reste de sa vie dans le veuvage.

La colombe, du reste, ainsi que la tourterelle, ne représentait pas seulement la *Fidélité conjugale*, mais encore tout attachement inviolable, toute *Foi promise*. Sur une médaille d'Héliogabale, on voit une femme assise, tenant d'une main une tourterelle avec cette inscription : *Fides exercitûs, Fidélité de l'armée.* [1] — Le nombre des médailles grecques sur lesquelles on retrouve la colombe, est considérable : les principales sont celles qui furent frappées à Sicyone, [2] à Eryx en Sicile, [3] à Ascalon en Judée, et dans les îles de Cypre, de Délos, de Cythnos et de Siphnos. [4].

Sur les médailles de Cypre, la Vénus paphienne est représentée sous la forme d'un cône noir, qu'on présume avoir été un aérolithe : ce cône est placé entre deux astres, au milieu d'un temple sur la plate-forme duquel on aperçoit une colombe, à chaque aile de l'édifice.

---

[1] *Manuel des Artistes*, etc., par J. R. Petity; Paris, 1770, art. *Tourterelle.*

[2] Ville du Péloponèse, aujourd'hui *Basilico.*

[3] Auj. *Catalfano.*

[4] Auj. les îles de *Chypre, Sdilo* ou *Dili, Thermia* et *Sifanto :* on sait que ces trois dernières font partie des Cyclades.

Les médailles d'Ascalon représentent Astarté [1] debout ayant près d'elle une colombe. — Sur celles
d'Éryx, Vénus est assise et porte une colombe;
l'amour est à son côté, debout, une branche de
myrte à la main. — Sur les vases peints, la colombe accompagne souvent la mère des Grâces,
surtout sur les vases de l'époque de la décadence.

Proserpine était souvent représentée tenant une
colombe à la main; c'est pourquoi on la nommait *phe-
rephatté,* déesse *qui porte une colombe.* On appelait
pherephatteion [2] le temple qui lui était consacré à
Athènes, et *pherephattia* [3] les fêtes célébrées en son
honneur par les Siciliens.

La colombe sert encore d'expression allégorique à
la *Timidité* et à l'*Innocence.* Rien n'est timide comme
cet oiseau, dit Varron [3]; et peut-il en être autrement?
Qu'on se représente la famille des colombes, que
Phèdre appelle *inerme genus,* enveloppée de toutes parts par d'innombrables et cruels persécuteurs,

[1] Astarté était la Vénus, déesse suprême des Phéniciens : il y avait,
chez ce peuple, une ville du nom de *Péristera* (*ville des Colombes*),
ainsi appelée sans doute, à cause des colombes consacrées à Astarté.
Voy. ÉTIENNE DE BYSANCE.

[2] et [3] Temple et fête de la déesse *qui porte une colombe :* de
pheró, je porte, et *phassa,* attique *phatta, pigeon.*

[3] *De re rust.,* lib. III, c. 7.

et l'on comprendra sans peine cette peur qui la remplit sans cesse ; peur salutaire, du reste, qui, par une prévision toute providentielle, la porte à s'éloigner avec une extrême prudence de tous les dangers où elle trouverait une mort certaine.

La timidité et l'innocence sont compagnes : c'est dans ce sens que Juvenal a écrit ce vers, passé en proverbe :

> Quæ parcit corvis, vexat censura columbis [1] ;

et que Racine a dit dans le prologue d'Esther :

> C'est lui qui rassembla ces colombes timides,
> Éparses en cent lieux, sans secours et sans guides.

Le Sauveur recommande à ses disciples d'être prudents comme les serpents, et simples, — c'est-à-dire, innocents, — comme les colombes [2].

Enfin, nous lisons dans le chroniqueur Jacques de Guyse [3], cette phrase charmante appliquée à l'enfance de Saint Piat, l'un des premiers et glorieux apôtres de la Belgique : « Comme la rose au milieu des épines, ou comme la colombe au milieu des corbeaux, le saint enfant s'élevait dans l'*innocence* et la *pureté*. »

---

[1] La censure épargne les corbeaux et tourmente les colombes.
[2] *Évangile de S. Mathieu*, X, 16.
[3] *Hist. de Hainaut*, liv. VII ; Paris, 1829.

Les auteurs des livres saints, semblent en quelques endroits attribuer à la colombe, de la réflexion et de la méditation : *meditabor in columba* [1] ;.... *et quasi columbæ meditantes* [2]. Mais, dit dom Calmet, on l'entend ordinairement de ses gémissements : *gementes ut columbæ* [3]. L'épouse du cantique, ajoute cet écrivain, est souvent comparée à la colombe, à cause de son innocence, de sa douceur, de sa candeur et de sa fidélité [4].

On sait qu'au XVIe, XVIIe et XVIIIe siècles, l'allégorie remplissait dans les arts et dans les lettres un rôle de la plus haute importance. Chaque vertu, chaque vice était personnifié alors d'une manière plus ou moins ingénieuse, mais toujours propre à inspirer de l'horreur pour l'un, et de l'amour pour l'autre. — Il est à regretter, me semble-t-il, que ce goût de l'allégorie ait presqu'entièrement disparu parmi nous ; car il est certain qu'il donnait à l'art un caractère grandiose et une portée philosophique qu'il ne connaît plus aujourd'hui. L'esprit et le savoir venaient en aide à l'imagination du peintre, et l'histoire

---

[1] Je *méditerai* comme la colombe ; Isaïe, XXXVIII. 14. et LIX. 11.

[2] Et comme des colombes *méditantes* ; Nahum, II, 7.

[3] *Diction. de la Bible*, art. *Colombe*.

[4] C'est aussi par *gémir*, que Silvestre de Sacy traduit le verbe *meditari*, dans les textes des deux prophètes.

se montrait toujours à ses regards sous les brillantes et larges formes de l'épopée. Voyez, par exemple, les trésors que Rubens a tirés de cette mine féconde, inépuisable, dans les tableaux qu'il peignit pour Marie de Médicis, et dans les décorations des arcs de triomphe dont il embellit Anvers, lors de l'entrée triomphale de Ferdinand d'Autriche dans cette ville, en 1636. — Hélas ! depuis ce temps, *les dieux se sont en allés*, et de tous leurs riches vêtements d'or et d'argent, que l'allégorie elle-même avait brodés de sa main, à peine nous reste-t-il encore aujourd'hui quelques rares lambeaux. Nous avons proscrit la poésie et la philosophie morale ; mais.... nous sommes devenus *positifs !*

Dans la multitude, presqu'infinie, des emblêmes que l'art et la morale avait imaginés dans les siècles derniers, la colombe est de tous les oiseaux celui qu'on rencontre le plus fréquemment, et toujours de la manière la plus honorable. Voici quelques-unes de ces compositions auxquelles elle avait part : elles sont tirées d'un livre intitulé *Science hiéroglyphique* [1], titre qui prouve qu'on oubliait quelquefois, très-souvent même, que l'allégorie doit habiter *un palais diaphane.*

Parmi les figures emblématiques dont l'ouvrage

---

[1] *Sc. Hiérog. ou explication des figures symboliques des anciens, avec différentes devises historiques,* etc., La Haye, 1746.

que je viens de citer, donne l'explication, il en est un grand nombre, en effet, qui pour être comprises, ne pouvaient se passer d'un texte explicatif ; tout au moins était-il indispensable d'écrire dessous, le nom de la vertu ou du vice qu'elles représentaient. Celles qui étaient accompagnées d'une colombe, appartenaient surtout à cette catégorie, comme il est facile de s'en convaincre par ces quelques exemples.

Une jeune fille vêtue de blanc, tenant de la main droite une colombe et de la gauche un faisan...

C'était le symbole de la *Simplicité*. — C'était probablement pour mieux faire ressortir le sens figuré de la colombe, qu'on lui opposait le faisan, comme le représentant de l'orgueil.

Une jeune fille vêtue de gaze d'or, tenant un cœur de la main droite, et une colombe de la main gauche.... Cela voulait dire la *Sincérité*.

La *Justice divine* était représentée sous l'image d'une femme d'une beauté sévère, la tête ornée d'une couronne, marque de sa puissance, et surmontée d'une colombe, symbole de l'Esprit-Saint.

Deux colombes perchées chacune sur une branche, signifiaient.... je vous le donne en mille,... *l'Amour des ennemis !* Comme ces oiseaux n'ont pas de fiel, ajoute l'auteur de la *Science hiéroglyphique,* le vrai chrétien doit aimer son prochain bien que celui-ci l'ait offensé.

Une jeune fille, la tête surmontée d'un cœur enflammé, se laisse percer le cœur par une colombe, — C'était.... vous ne devinez pas?... c'était le *Tourment d'amour!* Pour donner plus de force au sens moral exprimé par cette pauvre jeune fille, dont le sort n'est pas moins à plaindre que celui de Prométhée, notre savant gratifie ses lecteurs de ces cinq vers qui feraient croire qu'il était quelque peu confiseur de son métier :

> On a dit depuis fort longtemps,
> Que si l'amour a des tourments,
> C'est la faute de ceux que cet enfant enchante.
> Quoiqu'il en soit l'amour tourmente,
> C'est donc un sot métier que celui des amants.

On ne s'est pas contenté seulement d'exploiter au profit de la science emblématique toutes les qualités morales et physiques de la colombe; on a encore tiré avantage de sa manière de boire. Nous devons, dit un ancien écrivain allemand, [1] nous devons, boire à la source des choses périssables de ce monde, à

---

[1] Wir sollen von dem Weltwasser dieser vergänglichen sachen trincken, wie die dauben, das ist, das haupt, sobald wir von selben gekostet, wiederum empor gen himmel heben, und das Ewige achten, das Zeitliche verachten. Voy. BESOLDUS, *Thesaurus practicus*, etc.

l'instar des colombes, c'est-à-dire, que dès que nous en avons goûté, nous devons lever la tête vers le ciel, nous attacher à ce qui est éternel, et mépriser ce qui n'a qu'un temps. Cette comparaison est jolie, mais, malheureusement, elle n'est pas juste, car le pigeon boit d'un trait. Un des caractères des colombes, ainsi que des tourterelles, dit Pline [1], c'est de boire largement et sans renverser la tête, comme font les bêtes de somme, *largeque bibere jumentorum modo;* et, cette fois, Pline a raison.

Une chose digne de remarque, c'est que la colombe ne figure point parmi les oiseaux symboliques du blason. Cette absence s'explique du reste sans peine. Les qualités distinctives de la noblesse, non seulement à l'époque où les armoiries furent inventées, mais encore durant tout le moyen âge, étaient la générosité, la franchise, la loyauté, et surtout le courage. Un preux chevalier consacrait sa vie entière à la défense du pays, du trône et de son castel. Son devoir le faisait marcher au devant du péril, sans en jamais mesurer l'étendue; et plus ses exploits étaient brillants, plus aussi étaient flatteurs les témoignages d'admiration qu'il obtenait de son roi, de sa dame

---

[1] *Hist. Nat.,* liv. X, ch. 52.

et de ses nobles compagnons d'armes. Il va donc
sans dire qu'en symbolisant leurs noms, illustrés
par des hauts-faits d'armes, ces bataillantes familles
dédaignèrent tout autre attribut que ceux qui pouvaient donner une idée du mérite par lequel elles
tenaient à honneur de se signaler. C'est ce qui
fait qu'un grand nombre d'elles placèrent dans leurs
armoiries , l'aigle et le lion, parce que ces deux
animaux étaient regardés comme l'expression du courage loyal.

On comprend que la colombe, dont la nature crain-
tive était si bien connue, ne pouvait prétendre à
aucune distinction flatteuse en cette circonstance :
son image eut présenté un contre-sens sur les écus
et sur les gonfanons de ces infatigables barons toujours bardés de fer, et qui ne connaissaient d'autre
plaisir que celui de guerroyer, d'autre droit que
celui de leur épée, d'autre sûreté que celle qu'assu-
raient l'audace et la force. Elle ne se rencontre donc
qu'exceptionnellement dans les insignes héraldiques.
Parmi tous les blasons belges, il n'y en a qu'un
seul, si je ne me trompe, dans lequel on la retrouve;
c'est celui de la famille de Kerckhove qui existe
encore en Flandre. Cette famille porte *échiqueté d'ar-*
gent et d'azur, au chef d'or, chargé d'une colombe

volante d'azur, tenant en son bec un rameau d'olivier de sinople [1].

Un autre blason dans lequel on voit encore figurer une colombe portant également une branche d'olivier, est celui du célèbre directeur de l'Académie de Dusseldorf, ennobli, il y quelques années par son souverain, le roi de Prusse. En adoptant ces armes, M. Shadow n'aurait-il pas voulu exprimer que la paix, c'est-à-dire, une cordiale fraternité, doit unir tous les artistes, cet *irritabile genus*, comme Horace appelle les poètes de son temps ? — Si telle a été, comme je me permets de le croire, l'intention de M. Shadow, il serait à désirer vivement que son éloquent symbole fut reproduit dans les cachets de tous nos peintres, à la place de cette éternelle lampe antique qui n'a plus de sens aujourd'hui, à la place de cette palette et de ces pinceaux, attributs usés de la partie matérielle de l'art. Qui sait si la vue continuelle de cette touchante allégorie, ne ferait pas cesser enfin quelque jour, ces mesquines jalousies qui tourmentent les maîtres de notre école; jalousies fatales qui, de tout temps, ont été un obstacle

---

[1] Pour mieux faire comprendre que la colombe avec la branche d'olivier, signifie la *Paix* ou le *retour de la Paix*, on la représente ordinairement dirigeant son vol vers l'arche de Noé.

aux succès de l'art et aux progrès de ceux qui le cultivent ? — Que nos disciples de Rubens, jettent encore les yeux sur la belle devise de notre blason national ; qu'ils la méditent, qu'ils s'en pénètrent bien ; qu'ils la mettent ensuite en pratique, et ils ne tarderont pas à se convaincre que dans les arts et les lettres, comme en toute autre chose, *l'Union fait la force.* — Je poursuis.

Si la colombe, comme je viens de le dire, n'a pas été admise à orner les armoiries des nobles seigneurs du moyen âge, elle a obtenu, en revanche, l'éclatant honneur de voir deux ordres de chevalerie adopter son nom, et trois autres placer son image dans leurs insignes. Disons quelque chose de ces institutions dont une, celle du *Saint-Esprit*, a joui, pendant deux siècles, de la plus grande célébrité.

L'Ordre de la sainte Ampoule de St.-Remy de Reims. Cet ordre, au dire de quelques-uns, fut institué par Clovis lui-même. Ses chevaliers portaient au cou un ruban de soie noire, auquel était suspendue une croix d'or anglée et coupée, émaillée de blanc, et chargée d'une colombe, tenant avec le bec l'ampoule sacrée, reçue par une main [1].

---

[1] Voy. *le Théâtre d'Honneur et de Chevalerie*, etc., par ANDRÉ FAVYN: Paris, 1620; vol. I, liv. 2.

En parlant, dans le chapitre précédent, du vase céleste dans lequel on conservait le saint chrême destiné à sacrer les successeurs de Clovis, j'ai dit que l'archevêque de Reims, Hincmar, mort en 882, assure que ce vase fut apporté à St.-Remy, par une colombe. A ce témoignage j'ajouterai ici, puisque l'occasion s'en présente, ceux de St.-Grégoire de Tours, et du chroniqueur Flodoard [1]. Voici comment ce dernier raconte le miracle : Le prêtre qui portait le saint chrême ne put parvenir jusqu'aux fonts, tant était grande et compacte la multitude des assistants. Déjà les fonts étaient bénis, et l'huile sacrée n'arrivait pas ; Dieu le permettait ainsi. St.-Remy, tout étonné, se mit alors à prier, élevant au ciel ses yeux remplis de larmes, et voilà que tout à coup paraît une colombe aussi blanche que la neige, apportant et tenant dans son bec une petite fiole pleine d'un beaume, dont l'admirable parfum ravit tous les assistants en extase. Le saint évêque, rendant grâce à Dieu, tendit la main, reçut ce don sacré du ciel, et en oignit le front de Clovis, après quoi, la

[1] St.-Grégoire de Tours, fut élu évêque de cette ville en 544 ; il mourut en 595. Nous avons de lui une *Histoire des Francs*. — Flodoard, mort en 966, fut chanoine de la cathédrale de Reims ; il a écrit une *Histoire de l'Église de Rheims*, et une *Chronique de France*.

colombe disparut. — *Et ecce subito columba ceu nix advolat candida rostro deferens ampullam, cœlestis doni chrismate repletam... Accepta itaque sanctus præsul ampulla, postquam chrismate frontem conspersit, species mox columbæ disparuit.*

L'auteur du *Théâtre d'honneur et de chevalerie*, fait remarquer[1] que ce récit de Flodoard est confirmé par le grand-sceau de l'archi-monastère de St.-Remy de Rheims. En effet, dans ce sceau, l'illustre évêque est représenté, revêtu de ses habits pontificaux et entouré de son clergé. Clovis, à genoux dans les fonts baptismaux, attend l'onction sacrée ; un pigeon paraît au-dessus des personnages, apportant la sainte ampoule, que St-Remy reçoit de la main droite.

L'Ordre de la colombe. — Ce fut Jean I[r], roi de Castille et de Léon, cet excellent prince que sa justice et sa libéralité firent surnommer *père de la patrie*, qui le fonda en 1379 ; mais cet ordre ne subsista pas longtemps ; il fut aboli après la mort de Jean.

L'Ordre de la colombe et de la raison, qui pourrait bien être la continuation de celui dont je viens de parler. Il paraît que vers 1399, Henri III, dit

[1] Liv. II, pag. 501.

l'Infirme, fils de Jean I^r, distribua le collier de cet ordre à ses courtisans, et les engagea à être fidèles à leurs épouses, à défendre la religion, les vierges, les veuves, les orphelins, et à protéger les frontières du royaume contre les barbares. Pour être admis dans cet ordre, il fallait faire preuve de haute noblesse, avoir été à la guerre, ou avoir rendu de grands services au roi. Les insignes étaient un grand médaillon d'or échancré à une colombe d'azur renversée; ce médaillon se portait au cou, attaché à une chaîne d'or [1].

L'Ordre du Saint-Esprit de Montpellier. — Il eut pour fondateur un comte Guy, et reçut pour insignes, une croix bleue à six branches ou douze pointes, au centre de laquelle était placé un grand médaillon d'azur, portant une colombe blanche renversée. — Cette institution fut consacrée au soulagement des malades et des pauvres. Innocent III forma à l'hôpital de Ste.-Marie, à Rome, un établissement de même genre, sous la direction de ce même comte Guy [2]. Il est à regretter qu'un pareil ordre de charité n'existe pas aujourd'hui en Belgique.

---

[1] Voy. PERROT, *Collection hist. des Ordres de la chevalerie civile et milit.*, Paris, 1820.

[2] Voy. PERROT, ibid.

Enfin, *l'Ordre du Saint-Esprit*. — Il fut créé, en 1578, par Henri III, en mémoire de ce que ce Prince avait été élu roi de Pologne, et qu'il était parvenu au trône de France, le jour de la Pentecôte, jour où le Saint-Esprit descendit sur les apôtres. — Les marques distinctives de cet ordre fameux, consistaient en une croix portant une colombe, et suspendue à un large ruban bleu. Pour être admis au nombre des chevaliers, il fallait être catholique, et avoir obtenu déjà la croix de St-Michel. — Supprimé en 1789, cet ordre fut rétabli par Louis XVIII, et supprimé de nouveau en 1830.

Terminons la série des emblêmes de notre oiseau par celui dont il était le mystérieux sujet dans l'art hermétique, cet art plus que merveilleux, que ses adeptes appelaient fastueusement l'ouvrage de la pierre philosophale, le magistère des sages, la philosophie hermétique, le grand œuvre, enfin. Au dire des croyants, cette science était la clé de toutes les autres, et on le croira volontiers en jettant les yeux sur le programme des initiés.

Elle consiste, disaient-ils, à apprendre la manière de faire un remède propre à guérir tous les maux qui affligent l'humanité, à conserver les hommes en vigueur et dans une santé parfaite, aussi longtemps que la constitution du corps humain peut le permettre ; à faire une poudre appelée poudre de projection, qui, jetée en quantité proportionnée sur les métaux en fusion, les transmue en or ou en argent, selon le degré de perfection qu'on lui a donné [1].

Tout le monde sait que cette science, qui, pendant des siècles, a si activement occupé les esprits, ne s'exprimait qu'en termes barbares, en métaphores, allégories et énigmes. Elle prétendait, sans doute, se rendre par là, plus respectable aux yeux de la foule mystifiée. Voici de quelle manière il y était parlé de la colombe adoptée comme symbole. Ce passage de Pernety peut donner une idée du pitoyable galimathias qu'on avait l'impudence de décorer du titre de science. — D'Espagnet et Philalèthe (deux chimistes hermétiques célèbres), ont employé l'allégorie de la colombe, dit le religieux de St.-Maur, pour désigner la partie volatile de la matière de l'œuvre des sages. Le premier a emprunté de Virgile (*Enéid.* liv. VI) [2] ce qu'il dit de celle

---

[1] *Dictionn. Myth. hermétique*, etc.; par Dom. Ant. Jos. Pernety, de la Congrégation de St.-Maur. Paris, 1787. — Art. *Science Hermétique.*

[2] Voici le passage de Virgile :

> Vix ea fatus erat, geminæ quùm forte columbæ
> Ipsa sub ora viri cœlo venere volantes.

de Vénus, pour le temps de la génération du fils du soleil, ou règne de Vénus philosophique. Le second a dit que les colombes de Diane sont les seules qui soient capables d'adoucir la férocité du dragon ; c'est pour le temps de la volatilisation, où les matières sont dans un grand mouvement, qui cesse à mesure que la couleur blanche, ou la Diane hermétique, se perfectionne. Les souffleurs doivent bien faire attention à cela, s'ils ne veulent pas perdre leur argent à faire des mélanges fous d'argent vulgaire avec d'autres matières, pour parvenir au magistère des Philosophes [1].

L'auteur de l'ouvrage dont j'extrais ces lignes, croyait sincèrement avoir trouvé la pierre philosophale : en 1786, il publia un livre singulièrement curieux [2] dans lequel il s'efforce de démontrer que les fables de la mythologie des anciens ne sont autre chose que des emblêmes hermétiques. Vers la même époque, il fonda dans la ville d'Avignon, une secte

Et viridi sedere solo. Tum maximus heros
Maternas agnoscit aves.

Comme il disait ces mots, deux colombes fendant les airs, passent sous ses yeux, et vont s'abattre sur le sol verdoyant. Alors le héros reconnait les oiseaux aimés de sa mère.

[1] *Dictionn. Myth. Herm.*; art. *colombe.*

[2] *Les fables égyptiennes et grecques dévoilées et réduites au même principe,* etc. Paris, 1786.

qui compta une centaine d'affiliés. — L'exemple de Pernety et de ses disciples, est une preuve de plus de cette triste vérité : qu'il n'est pas de sottise qui ne trouve, dans tous les temps, ses crédules et ses bénévoles enthousiastes.

CHAPITRE IX

La colombe devant la loi.

—

Les nombreuses disposi-
tions législatives auxquelles le
pigeon a été soumis, tant dans
l'antiquité, qu'au moyen âge et
dans les temps modernes, peuvent se ranger, me semble-t-il, en trois
catégories. — La première renferme
celles qui concernent le droit d'avoir
colombier; la seconde celles qui protègent le pigeon
contre le vol et le meurtre illégal; la troisième,

enfin, celles que plusieurs souverains ont été obligés de prendre pour arrêter le mal qu'une trop grande multitude de pigeons produisait dans leurs états.

Le lecteur n'attend certes pas de moi, je pense, que je traite à fond cette vaste matière qui, à elle seule, exigerait plusieurs volumes, et dont plusieurs jurisconsultes se sont du reste occupés déjà [1]. Je vais donc me borner à rappeler ici quelques particularités curieuses qui non seulement serviront à donner une idée de cette matière, mais qui pourraient aider encore à suivre la marche et les progrès du droit social et de la civilisation, depuis les peuples anciens jusqu'à nos jours.

Le droit de colombier a naturellement dû être commun chez les nations libres ; il a donc existé partout en Europe, jusqu'au moment où la féodalité est venue parquer les hommes, en arrogeant à quelques-uns une domination absolue, et en réduisant tous les autres à la condition abjecte de serfs.

C'est sous Charlemagne, si je ne me trompe, que le colombier reçut cette haute valeur distinctive qui

---

[1] Voyez entre autres : BESOLDUS, *Thesaurus practicus*, et les différents auteurs qu'il cite : GUYOT, *Des Colombiers* ; SALVAING, *De l'usage des fiefs* ; MERLIN, art. *Colombier*, dans le IVe vol. du répertoire de Jurisprudence ; Bruxelles, 1827 ; *Dictionn. des droits féodaux* ; etc.

le rendit depuis lors, l'un des principaux attributs
de la noblesse. Dans un capitulaire de l'an 800, ce
monarque exige que chaque juge de ses domaines
particuliers, ait toujours, *pour soutenir son rang*, des
paons, des faisans, des canards, des *colombes*, des
perdrix et des tourterelles. — *Ut unus quisque judex
per villas nostras singulares ellehas, pavones, fasianos,
enetas, columbas, perdices, turtures*, pro dignitatis causa,
omnimodis semper habeant [1].

Il paraît évident que la considération de dignité
attachée par le monarque à cet entourage d'oiseaux
rares, a dû avoir pour conséquence de réserver exclusivement à ces juges, et probablement aussi à la
noblesse, dans le sein de laquelle ces magistrats
étaient toujours choisis, le droit de posséder un
colombier. On voit, en effet, que depuis cette époque, il fut défendu, et avec une rigueur extrême,
à tout roturier, d'élever ou de tuer des pigeons,
pendant que les nobles seigneurs en logeaient par milliers dans l'une des tourelles de leurs châteaux, et
les faisaient servir sur leurs tables. — Le droit d'avoir
des colombiers [2] n'appartenait qu'aux seigneurs hauts

---

[1] *Capit. reg. franc.*, pag. 557. Paris 1677.

[2] *Dictionn. de l'ancien régime et des abus féodaux*, etc., par
M. Paul D.... de P....; Paris, 1820; art. *Colombier*.

justiciers ou féodaux, et un roturier, eût-il eu cinq cents arpents de terre, ou fait travailler cinq cents ouvriers, ne pouvait avoir l'honneur de posséder au milieu de sa basse-cour, une tour élégante, surmontée d'une girouette, ou d'un paisible pigeon de faïence. — Cependant dans quelques contrées où les féodaux avaient donné des marques éclatantes de leur modération, un roturier qui avait cinquante arpents de terre labourable, pouvait obtenir la permission, non de faire élever un *colombier*, mais de construire une *volière* dans quelque grenier de sa maison....

Cet absurde état de choses suivit, dans les divers pays d'Europe où la féodalité existait, toutes les phases de la décadence graduelle de ce régime, pour cesser enfin complètement, lorsque le principe du droit social et le bons sens, sortirent enfin victorieux de leur longue lutte avec les institutions et les lois barbares du moyen âge.

Pour faire apprécier au lecteur, par un seul exemple, les résultats produits dans la société par le privilége exclusif de colombier dont la noblesse était en jouissance, je ne puis mieux faire, je crois, que rapporter ce qui se passa aux États-Généraux, en France, dans les deux fameuses séances qui furent tenues, l'une dans la nuit du 4 août, l'autre le

6 du même mois, en 1789. On sait que c'est dans la première de ces séances que, cédant à un élan d'enthousiasme patriotique, le clergé et la noblesse portèrent eux-mêmes un coup de mort à la féodalité, en proposant le rachat ou l'abolition des prérogatives dont ils avaient été en possession jusqu'alors ; on les prit au mot, et le droit exclusif de colombier, droit si cher pourtant aux grands seigneurs, fut aboli pour toujours. [1]

Destinées singulières que celles de notre oiseau ! Peu s'en fallut que les États-Généraux, après avoir décrété que tout citoyen pouvait désormais se construire librement un pigeonnier, ne proscrivissent la race colombine de la France entière ! — Dépouillée de sa condition patricienne, elle courut grand risque, en effet, de se voir mettre hors la loi, le surlendemain du jour où *le droit de bourgeoisie* lui avait été accordé.

C'est dans la mémorable séance du 6 août, qu'on délibéra sur son sort, et jamais, dit le journal officiel de cette époque [2], jamais séance ne fut plus orageuse, plus agitée ; jamais il n'y eut une contradiction aussi marquée dans les opinions ; jamais le choc ne fut plus violent, et, cependant, ajoute avec

[1] Voyez le *Moniteur* du 5 août, 1789.
[2] *Moniteur*, ibid.

une sorte de surprise, le rédacteur de la feuille,
il ne s'agissait que de pigeons. — Mais il me semble, et je suis certain que tous mes lecteurs seront
de cet avis, que la question valait bien la peine
d'une discussion animée, car il ne s'agissait de rien
moins, je le répète, que de décider s'il existerait
ou non, dans la suite, des pigeons en France. Sup-
posez que, mû par un motif quelconque, un de
nos représentants proposât d'exterminer tous les coqs
et toutes les poules en Belgique; ne croyez-vous pas
qu'un grand nombre de ses confrères de la chambre,
ceux de Bruxelles surtout, soutiendraient chaleureu-
sement, *unguibus et rostro*, la cause de ces bipè-
des innocents et succulents? Oh! sans aucun doute:
eh bien! il en fut de même aux États-Généraux,
à l'égard du pigeon; menacé d'une proscription,
il trouva, lui aussi, des défenseurs généreux et
éloquents.

Dans cette séance du 6 août, donc, on présenta
à la sanction de l'assemblée un projet de décret,
dont les dix-neuf articles spécifiaient d'une manière
plus nette et plus précise, les nombreuses suppres-
sions, votées déjà en principe deux jours auparavant; ce projet n'était donc soumis à l'assemblée
que pour qu'elle en examinât et approuvât définitive-

ment la rédaction. Un orage violent devait accompagner cette opération.

L'article III, qui concernait les pigeons, renfermait deux dispositions distinctes : il disait : 1° *Le droit exclusif de colombier est aboli à jamais; — 2° Les fuies et les colombiers sont supprimés.* Le premier de ces deux points était un fait accompli; il n'y avait plus lieu à y revenir : mais il restait à discuter le second, et c'est alors que la bataille commença. Il semblait, dit le *Moniteur*, que cet article allait passer comme les deux premiers, mais il a éprouvé plus de difficultés que la suppression de la féodalité, et encore n'a-t-il pas passé! — On voit qu'à cette époque, les rédacteurs de la gazette officielle avaient encore leur éducation parlementaire à faire. Qu'ils étaient loin, bon Dieu! d'être doués de ce regard infaillible de prévision dont les journalistes d'aujourd'hui font preuve à chaque instant! — Il ne s'agit que de pigeons, s'étaient dit les politiques improvisés du *Moniteur;* donc l'article III sera admis à l'unanimité. — Eh bien! il se trompèrent d'une manière on ne peut plus agréable.... pour les pigeons. A la lecture de l'impitoyable article III, l'assemblée se partagea aussitôt en deux camps, celui des *Colombophiles*, et celui des *Colombophobes*. — On eût dit le Sénat romain délibérant sur l'existence de Carthage. — Les premiers proposèrent d'abord un amendement, et demandèrent que les ordonnances qui exigeaient la fermeture des colombiers pendant les semailles, eussent leur effet, à moins que le propriétaire n'eût cent arpents [1]. — Ce projet, contradictoire à l'arrêté, fut rejeté ; mais ce premier échec ne découragea pas les colombophiles. Un d'entre eux fait observer qu'il est des provinces où le droit d'élever des pigeons, est universel ; d'autres où ces oiseaux ne font aucun tort, soit parce que les terres ne sont pas cultivées pour les blés, soit pour d'autres causes ; que par conséquent il ne convient pas de les détruire dans ces contrées, et qu'il faut renvoyer cet objet aux assemblées provinciales.

Cet avis était très-sage, et c'est ce qui fait qu'on ne le suivit pas. L'abbé Siéyès, cherchant à concilier les deux partis, proposa que tout propriétaire eût le droit de tuer les pigeons sur ses terres. Cet amendement fut fort peu accueilli, dit le *Moniteur* : je le crois volontiers ; il aurait fallu une armée de sentinelles pour garder les terres ensemencées ; un cinquième de la population campagnarde y eût à

[1] *Moniteur* du 7 août 1789.

peine suffi. — A ce projet M. d'Angevillers substitua celui-ci : — Les colombiers ouverts seront supprimés, et les laboureurs seront autorisés à tuer les pigeons dans les temps de semailles, lorsqu'ils se trouveront vagants sur leurs terres. — Cette proposition mécontenta, et ceux de l'assemblée qui voulaient l'extinction complète des pigeons en France, et ceux qui, non seulement, plaidaient pour leur conservation, mais demandaient encore en faveur de leurs protégés, une liberté beaucoup plus grande que celle que M. d'Angevillers voulait leur accorder.

Target se leva alors et réclama l'exécution de son *cahier*, c'est-à-dire des instructions qu'il avait reçues de ses commettants : or, son cahier portait qu'il ne devait plus y avoir de colombiers. Toutefois, comme cette mesure intéressait toutes les parties du royaume, Target proposa, lui aussi, d'en renvoyer l'examen aux assemblées provinciales. On voit que nonobstant le vœu formel des citoyens dont il était le représentant, Target osa se montrer favorable aux pauvres colombes. Comment s'est-il donc fait que trois ans et demi plus tard, ce même homme eut la lâcheté de refuser le secours de son éloquence à Louis XVI, autre colombe livrée aux vautours de la convention ?

Un député d'Auvergne fit remarquer, à son tour,

à l'assemblée, que dans sa province le droit de colombiers n'était par exclusif; que tout vigneron, tout laboureur avait des pigeonniers, et qu'il n'en résultait aucun inconvénient. — C'était là, bien certainement, un nouvel et puissant argument; aussi fut-il accueilli d'un côté par des signes d'une vive satisfaction, et de l'autre par des murmures violents de désapprobation.

Impatienté de la longueur de cette discussion, qu'il regardait d'ailleurs comme superflue, un député cultivateur adressa enfin à ses collègues, cette énergique apostrophe : — Je crois devoir reprocher ici à l'assemblée cette variation dans ses décrets : vous avez anéanti les colombiers ; comment peut-on agiter aujourd'hui la question de les conserver? Si cette fluctuation dans les idées subsiste encore, ce ne sont pas les *États-Généraux*, mais les *États-Éternels*.

Cet intraitable colombophobe se trompait ; on n'avait nullement encore, comme il le prétendait, anéanti les pigeonniers ; on n'avait fait qu'en supprimer le privilége exclusif. Sa brusque sortie remplit toute la salle de tumulte. Les colloques, les disputes particulières recommencent; l'ordre est longtemps interrompu ; le président, désespérant de le faire renaître, déclare qu'il va se couvrir et clore la séance ; on ne l'écoute pas ; il réclame le respect que l'assemblée se doit à elle-même ; on ne l'écoute pas davantage ; l'agitation continue, et le calme ne se rétablit enfin, que quand le président paraît effectivement vouloir se retirer.

Ce fut le comte de Clermont-Tonnerre qui reprit le premier la parole. Il fait remarquer que le point de discussion est bien simple ; qu'il faut, ou adopter le projet présenté par le comité de rédaction, ou dire que les colombiers demeureront supprimés. — Cette motion ne réussit pas mieux que toutes celles qui l'avaient précédée. Il s'agissait, pour mettre tout le monde d'accord, de trouver une combinaison heureuse qui favorisât les pigeons, en même temps qu'elle les empêchât de commettre le mal que signalaient leurs adversaires.

Ce fut Rabaud de St.-Étienne qui eut cet honneur ; voici ce qu'il proposa : — Le droit exclusif de fuies et de colombiers sera aboli ; les pigeons seront renfermés aux- époques fixées par les communautés, et durant ce temps, ils seront regardés comme gibier : tout le monde aura le droit de les tuer.

Cet amendement fut mis en délibération, et passa enfin à la grande majorité. — C'est ainsi que le jeudi, 6 août 1789, à 11 heures du soir, le peuple

français décréta par la bouche de ses représentants,
que la race colombine avait trouvé grâce à ses yeux,
et que, sous certaines réserves, elle lui accordait
d'habiter paisiblement le royaume.

Venons maintenant aux dispositions législatives pro-
tectrices du colombier et de ses hôtes. On comprend
qu'elles ont dû varier considérablement, dans les
différents pays, d'après le caractère, les mœurs et
la jurisprudence de chaque peuple, soit que le droit
de pigeonnier y fût privilégié ou commun.

Chez les Hébreux, je l'ai dit déjà dans un chapitre précédent, on défendait l'entrée du Sanhedrin
à ceux qui volaient des pigeons, en les attirant,
par des moyens frauduleux, des colombiers des autres
dans les leurs.

Dans les *Institutes* de Justinien, nous voyons de quelle
manière la propriété des pigeons était envisagée dans
l'empire romain. « *Feræ igitur bestiæ*, y est-il dit, [1] *et
volucres et pisces, id est, omnia animalia quæ mari,
cœlo et terrá nascuntur, simul atque ab aliquo capta
fuerint, jure gentium statim illius esse incipiunt : quod
enim ante nullius est, id naturali ratione occupanti
conceditur.... Quidquid autem eorum ceperis, eo usque*

___
[1] *Instit.* lib. II, § 12 et 15.

tuum esse intelligitur donec tua custodia coërcitur. Cum vero evaserit custodiam tuam, et in naturalem libertatem se receperit, tuum esse desinit, et rursus occupantis fit. Naturalem autem libertatem recupere intelligitur, cum vel oculos tuos effugerit, vel ita sit in conspectu tuo, ut difficilis sit persecutio.... Pavonum et columbarum fera natura est : nec ad rem pertinet, quod ex consuetudine avolare et revolare solent, nam et apes idem faciunt, quarum constat feram esse naturam.

« Ainsi les bêtes sauvages, les oiseaux et les poissons, c'est-à-dire, tous les animaux qui naissent dans la mer, dans le ciel et sur la terre, dès qu'ils ont été pris par quelqu'un, lui appartiennent aussitôt d'après le droit des gens : car ce qui n'appartient auparavant à personne, appartient naturellement au premier occupant. Tous les animaux de cette espèce que vous aurez pris, sont censés vous appartenir aussi longtemps qu'ils sont sous votre garde. Mais dès qu'ils y échappent, et qu'ils ont recouvré leur liberté naturelle, ils cessent d'être à vous, et deviennent de nouveau la propriété du premier occupant. Ils sont censés avoir recouvré leur liberté, quand ils se sont dérobés à vos regards, ou quand il vous est difficile de les poursuivre, bien que vous les voyiez encore. Les paons et les *colombes* sont aussi rangés parmi les animaux sauvages : peu importe qu'ils aient coutume de s'envoler et de revenir, car les abeilles font la même chose, et pourtant l'on est d'accord que ces dernières sont sauvages. »

Les amateurs de pigeons des grandes villes d'Italie, profitaient largement du droit que leur accordait cette disposition : c'était au point que, dans le voisinage de ces villes, on n'osait pas donner la volée aux pigeons, de peur de les voir tomber dans les piéges de toute espèce que leur tendaient les oiseleurs [1].

Voici de quelle manière le savant jurisconsulte Du Courroy commente le passage des Institutes, que je viens de rapporter. « Ces oiseaux, dit-il [2], sont, comme les abeilles, les cerfs, des animaux sauvages qui ont l'habitude d'aller et de venir ; et chaque fois qu'ils partent, ils sortent réellement de notre puissance. Cependant, ils continuent de nous appartenir *tant qu'ils conservent l'esprit de retour*, et ce n'est qu'après s'être échappés *pour ne plus revenir*, qu'ils reprennent leur condition primitive. On aperçoit dès lors que tout ici dépend des circonstances.

---

[1] Colum. *De re rust*. lib. VIII, cap. 8.
[2] *Institutes de Justinien, expliquées* par A. M. Du Courroy, prof. à la faculté de Paris : vol. I, n° 350.

C'est également par les circonstances qu'il faut décider si l'animal a véritablement recouvré sa liberté naturelle. Il la recouvre, disait Caïus [1], lorsqu'on l'a perdu de vue, ou bien lorsqu'on le voit encore, mais dans une position où la poursuite en serait difficile, c'est-à-dire, où l'on ne serait **pas** sûr de l'atteindre à volonté. Dans ce cas, effectivement, l'animal n'est plus *sub custodiâ nostrâ.* »

Bien avant Charlemagne, le vol et le meurtre du pigeon et de plusieurs autres oiseaux domestiques, étaient sévèrement punis. Nous lisons dans un capitulaire du roi Dagobert Ier, donné en 630, les articles suivants :

XVII. *Si grus fuerit furata aut occisa, tres solidos solvat.*

XVIII. *Si auca fuerit involata aut occisa, novem geldos solvat.*

XIX. *Aneta, garriola, ciconia, corvus, cornicula, columba, et couha, et croërola, ut alia similia requirantur* [2].

« Si quelqu'un a volé ou tué une grue, il paiera trois sous.

---

[1] Un des plus célèbres jurisconsultes de Rome.

[2] *Dagoberti regis capit. secund. sive lex Alamannorum ;* dans les *Capitularia regum francorum,* Paris 1677, tom. I, p. 84.

Si on a dérobé ou tué une oie, on en paiera neuf fois la valeur.

Il en sera de même pour le canard, la pie, la cigogne, le corbeau, la corneille, la *colombe*, le choucas, la crécerelle. »

Dans la suite, le vol des pigeons doit avoir été fréquent en Allemagne, si on en juge par une mesure qui fut, me paraît-il, imaginée pour prévenir ce délit, en rendant aussi difficile que possible, le moyen d'en retirer du profit.

Si quelqu'un achetait un pigeon domestique provenant d'un vol, le propriétaire pouvait en réclamer la valeur à l'acheteur, soit que le pigeon fût déjà tué ou mangé, soit qu'il fût mort ou perdu [1]. On comprend qu'en rendant ainsi l'acheteur responsable du vol même, en le déclarant, en quelque sorte, complice du voleur, on forçait tout le monde à s'enquérir soigneusement de la *condition* du pigeon présenté en vente, avant d'en faire l'acquisition. — Le voleur, du reste, était puni arbitrairement.

---

[1] Wo jemand die aus und einfliegende, von einander aufgefongene und verkauffte Dauben schon geschlachtet, ertödtet, und verzehret, oder auch dergleichen gestorben oder verlohren worden, kan dessen Werth von dem Kaüffer erfordet werden. — Zover, part. 2, quœst 15. num. 91. 5. Voy. le *Thesaurus practicus* de Besoldus.

Sous le régime féodal, la loi qui punissait les délits de chasse, et par conséquent le vol et le meurtre des pigeons, était terrible en France. On peut s'en faire une idée, quand on pense que, dans sa séance du 17 août 1789, la Constituante décréta que son président serait chargé de demander au roi le rappel *des galériens et des bannis* pour simple fait de chasse, l'élargissement des prisonniers détenus, et l'abolition des procédures existant à cet égard [1].

Il était permis à toutes les personnes de prendre à la pipée des oiseaux de toutes espèces, hors le gibier ou les pigeons [2].

Les pigeons, dit M. Barginet dans son *Histoire du gouvernement féodal* [3], étaient considérés comme animaux domestiques ; il était défendu de tirer sur eux sous peine de vingt livres parisis d'amende, ou d'être poursuivis comme voleurs, et d'encourir ainsi la peine de mort.

Il était défendu de tirer sur les pigeons, à peine d'être poursuivi comme voleur (*Ordonnance de Henri IV, du mois de Juillet* 1607) : il y a même des arrêts qui, pour ce, ont condamné aux galères. En 1721, un

[1] *Moniteur*, tom. I, p. 302 de l'édit. dé 1842.
[2] POTHIER, *Traité du droit de domaine de propriété*, Paris, 1772.
[3] Paris, 1825.

paysan de Saint-Sulpice, près Arpajon, fut condamné à l'amende, pour avoir effrayé et blessé un des pigeons de son seigneur, lesquels pigeons dévastaient un champ de pois, qu'il venait d'ensemencer [1]....

Cette rigueur extrême était fondée à la fois, je pense, et sur le caractère du délit, et sur le principe de la supériorité sociale dont jouissait la noblesse.

Quelle différence entre cette législation barbare de la France féodale et celle dont nos souverains avaient doté notre pays, touchant les délits de chasse ! Autant l'une était absurde et cruelle, autant l'autre était raisonnable et juste. Il suffira, en effet, de rapporter quelques dispositions de celle-ci, pour prouver combien la Belgique, au point de vue de la question qui nous occupe, l'emportait sur la France avant 1789. — Une ordonnance de Philippe II, donnée le 6 février 1568 [2], nous apprend que ce prince possédait en Brabant plusieurs domaines, *(vrye waranden en duweyren)*, dans lesquels on entretenait, pour 'avoir l'honneur d'être abattus par le souverain et ses nobles compagnons de chasse, des cerfs, des biches, des lièvres, des lapins, des chevreuils, des sangliers et autres bêtes sauvages, fauves ou noires, (*roode*

[1] *Dictionn. de l'anc. rég. et des abus féod.*, art. *Colombier*
[2] *Placcaeten van Brabant*, Anvers 1648, tom. II, p. 173.

of swerte , dit le décret), ainsi que des hérons . des cygnes, des canards , des perdrix , et enfin , des pigeons. — Or, ayant été instruit qu'au mépris des anciennes ordonnances, un grand nombre de ses sujets se permettaient de chasser dans ces domaines, ce qui, à ses yeux , était un acte de mépris envers l'autorité souveraine, Philippe publia un édit *sévère,* (que l'on compare cette sévérité avec celle du code féodal français !) destiné à réprimer ces abus qui, non seulement, diminuaient chaque jour le nombre des quadrupèdes et des oiseaux privilégiés dont je viens de parler, mais pouvaient même, par le temps, amener leur entière destruction. L'audace des Brabançons fâchait d'autant plus le fils de Charles-Quint, qu'il avait, comme il le dit lui-même dans l'ordonnance, une affection particulière pour la chasse et l'oisellerie, et qu'il voulait, désormais, y trouver encore une plus grande récréation. *Want wy in sonderlinghe recommandatie hebbende de iagherye ende voghelrye , ende voortaen willen daer inne meer onse recreatie nemen.* — Il défendit donc, à qui que ce fût, ecclésiastique, noble ou non noble, de chasser dans ces domaines, sous peine de 60 réaux [1].

____

[1] Art. 1 du décret.

Les articles x et xi sont spécialement consacrés
à la répression des délits, dont les pauvres colombes du duché étaient chaque jour les victimes; ces
articles défendent : 1° de prendre des pigeons au
moyen de pièges ou d'instruments quelconques, et
de placer ces instruments près de sa maison, sous
peine de les voir confisquer, et de payer en outre
une amende de 10 réaux : 2° de tirer sur des pigeons
perchés sur leur colombier ou voltigeant dans les
environs. Si le délit se commettait au détriment des
habitants des domaines du prince, il était puni
d'une amende de 10 réaux : partout ailleurs, il n'en-
traînait qu'une amende de 3 réaux [1].

x. *Item, dat niemand hem en vervoordere te vanghen eenige duyven met clippen, dringels, slachschutten
oft andere instrumenten, noch de selve clippen oft
dringels te stellen aen heure huysen, op de verbeurte
van de selve dringels ende andere instrumenten, ende
daer-en-boven op de pene van thien realen.*

xi. *Item, dat niemand hem en vervoordere te schic-
ten eenige duyven op der luyden duyf-huysen ende*

---

[1] Je ferai remarquer, une fois pour toutes, que l'amende à
laquelle un délinquant était condamné, était toujours accompa-
gnée de la confiscation de l'arme ou de l'instrument dont il s'était
servi pour tuer ou attraper des pigeons.

byvanck, op de verbeurte van thien realen, ende van heure bussen ende andere instrumenten. Noch insgelyckx buyten onsen landen oft velden, op de verbeurte van drye realen ende van den voorsz. bussen ende andere instrumenten [1].

En 1629, Philippe IV publia un nouvel édit en faveur des pigeons du Brabant, pour qui ce pays était devenu une terre très-peu hospitalière. Nous voyons, en effet, par cet édit, que quelques Nemrods incorrigibles croyaient, ou plutôt faisaient semblant de croire, qu'il existait une permission en vertu de laquelle ils pouvaient tuer impunément, à coups de mousquets, les petits oiseaux et autres qui, à certaines époques de l'année, traversaient le pays. Mais, non contents de faire la guerre à ces hôtes de passage, ils la faisaient en même temps aux pigeons des *bonnes gens, (de goede luyden duyven)*. Voulant enfin mettre un terme à cet abus qui devenait plus intolérable de jour en jour, Philippe, par un

---

[1] La loi était moins sévère dans quelques autres localités de notre pays : on lit dans les *Coutumes de Malines* : « Item, die iemands anders hoenderen, gansen, *duyven*, eenden ende diergelycke gheveuchelte schoot oft afhendich maekte.... verbeurt voor elcke reyse vyf schellingen Brabants. *Van criminele zaken ende civile boeten*, tit. II, art. 17.

[2] *Placc. van Brabant*; tom. 2, pag. 185.

décret publié à Bruxelles, le 13 mars 1629 [2], défendit à tout Brabançon, soit ecclésiastique, soit laïc, de tirer dorénavant sur les pigeons et autres oiseaux, quels qu'ils pussent être, sous peine d'encourir une amende de 12 florins du Rhin, à partager, en portions égales, entre le souverain, le grand-veneur, *(Warant-meester)* et le dénonciateur.

Après avoir placé sous la protection d'une loi rigoureuse, les pigeons de son duché de Brabant, Philippe accorda, deux ans après, le même bienfait à ceux de son comté de Flandre, par une ordonnance, qui parut le 22 mars 1631 [1]. Cette ordonnance est un document extrêmement curieux : elle renferme 117 articles, qui tous concernent la chasse en général : je n'en rappelerai que ceux qui ont rapport à mon sujet.

Remarquons d'abord, que dans cet édit, il est fait mention des plaintes qui s'élevaient journellement dans la Flandre, au sujet des colombiers. A en juger par la disposition renfermée dans l'article 87, on voit que ces plaintes avaient pour motif, le trop grand nombre des colombiers, et par conséquent, les dégâts considérables que la multitude des pigeons

---

[1] *Placc. van Brabant*, tom. 2, pag. 185.

produisait dans les champs. On comprend que dans un pays aussi agricole que l'était la belle province de Flandre, ces dommages continuels dûrent exciter plus d'une fois de légitimes réclamations. Pour les faire cesser enfin, Philippe interdit à tout habitant du comté d'avoir un colombier, ou de laisser voler aux champs les pigeons qu'on pourrait avoir, à moins qu'on n'eût en même temps, soit en propriété, soit en loyer, trois bonniers de terre productive. Celui qui transgressait cette défense, était condamné à une amende de 20 florins; de plus, on confisquait tous ses pigeons, et le colombier était abattu et détruit. On échappait toutefois à la sévérité de cette disposition, lorsqu'on avait acquis, par possession immémoriale, le droit d'avoir colombier, ou bien qu'on en obtenait la permission du souverain ou de ses commissaires.

LXXXVII.... *Wy hebben verboden dat niemandt duyf-koten oft veld-kladden en houde, ten zy hy dry bunderen winnende landt te voren hebbe in eygendom, oft in hueringe, op pene van te verbeuren twintich guldens, met alle de duyven, ende dat het duyf-kot sal afghebroken worden, ende te niet gedaen worden, ten ware dat hy daer immemoriale possessie recht verkregen hadde van een duyf-kot te moghen stellen, hoe wel hy niet*

en hadde de voorsz. quantiteyt van winnende landen,
oft dat hy van ons, oft van onse commisen daer toe
consent verkreghen hadde.

La rigueur de cette mesure prouve la grandeur
du mal auquel le souverain voulait mettre un terme.
Ce mal était à son comble dans plusieurs provinces
de la France, dans le siècle dernier : la multitude
des pigeons y était effrayante; chaque seigneur avait
ses colombiers, et l'on peut se faire une idée de leur
population, quand on pense que Buffon, comme il
nous l'apprend lui-même, [1] retirait, tous les ans, *quatre
cents* pigeonneaux, d'un seul de ses colombiers. —
Il est donc tout naturel que les cultivateurs de certaines
provinces eussent ces oiseaux en horreur, et qu'ils
en aient demandé, comme je l'ai rapporté, l'entière
destruction : c'était, pour leurs terres, une plaie
non moins désastreuse que celle des sauterelles, dont
Moïse couvrit les champs du peuple de Pharaön.

En Allemagne, ce même grave inconvénient avait
existé en quelques endroits, et il avait été réprimé
aussitôt. On lit, en effet, dans un réglement com-
munal *(Gemein ordnung)* qu'aucun paysan ou fermier
de L., ne pourra tenir plus de six couples de pigeons,

___

[1] *Hist. nat.*, art. *Pigeon.*

sous peine d'une amende de 30 liards par pigeon [1].

Malheureusement l'adoption d'une pareille mesure était impossible en France : la noblesse seule, on le sait, y jouissait du droit de colombier, et cette prérogative lui était si chère, que le souverain, alors même qu'il en aurait eu le pouvoir, n'eût pas osé y mettre la moindre entrave.

Revenons à l'édit de Philippe. — L'article 88 défend à tout le monde, indistinctement, de prendre des pigeons au moyen de piéges cachés ou d'instruments quelconques, et même d'avoir de ces instruments dans sa maison. Le délinquant encourait une amende de 5 florins.

Item, wy verbieden eenen ieghelycken duyven te vanghen met loose oft valsche vallen, oft andere ghelycke instrumenten, ja de selve in hunne huysen te hebben op pene van te verbeuren de voorsz. vallen, oft andere instrumenten, ende voor amende vyff guldens.

Ce qui fait honneur au discernement et au sentiment de justice de Philippe et des auteurs de cette ordonnance, c'est d'avoir regardé les ruses perfides dont quelques gens de mauvaise foi se servaient pour attirer les pigeons des autres dans leurs colombiers,

---

[1] Voyez Besoldus, *Thesaurus pract.*, art. *Daubhäuser*.

comme bien autrement coupables que l'action de les tuer à coups de mousquet, ou de les faire tomber dans des piéges : aussi le décret agit-il avec une sévérité extrême à l'égard de ceux qui n'avaient pas honte de recourir à ces procédés odieux, que l'on peut hardiment appeler lâches et infâmes. — Mais comment constater que de pareils moyens avaient été mis en œuvre ? Rien n'était plus difficile : ceux qui les employaient, jouissaient, pour ainsi dire, d'une impunité assurée. Pour séduire les pigeons, et les faire venir jusqu'à eux, ils se servaient de pigeons-appellants *(lock-duyven)*, de gâteaux et autres inventions, dit l'ordonnance, et l'on comprend que ces stratagèmes, habilement cachés aux regards de tous, n'étaient connus que de ceux qui en profitaient. Le législateur, indigné d'une telle déloyauté, voulut la réprimer à tout prix. Ceux qui s'en rendaient coupables, étaient-ils découverts? on les condamnait : 1°, à 5 florins d'amende ; 2°, à la confiscation de leurs pigeons-appellants et de tout ce qui avait servi à séduire les pigeons étrangers ; 3° enfin, à une amende de 5 florins pour chaque pigeon qu'ils avaient frauduleusement réduit en leur possession.

xc. *Item, dat niemandt hem en vervoordere ander mans duyven te vanghen met lock-duyven, koecken, oft*

*andere inventien, waerdoor zy zouden moghen gelockt
worden, op pene van te verbeuren de zelve lock-duyven, koecken en andere inventien, met vyf guldens voor
amende, ende daer en boven noch andere vyf guldens
voor elcke duyve die men zal konnen thoonen alsoo
gevanghen te zyn.*

Pour rendre cette mesure exécutable, Philippe
décréta que les officiers de ses commissaires pourraient inspecter, aussi souvent qu'ils le jugeraient à
propos, les colombiers qui leur paraîtraient suspects.

*Tot welcken eynde de officiers van onse commisen
sullen de duyf-koten moghen visiteren ende onderzoeken,
gelyck zy gedaen hebben in voorlede tyden ende moghen doen, zoo dikwils als zy opinie sullen hebben van
eenigh misbruyck, om te sien 't gene hun sal duncken
aldaer teghen dese onse ordonnantie ghedaen te zyn.*

Ce droit de visite accordé à la police, existait,
comme on voit, depuis longtemps ; mais il paraît que
ceux envers lesquels il était exercé, le rendaient
illusoire, en donnant la volée à leurs pigeons au
moment de l'arrivée des fonctionnaires publics. Cette
conduite fut regardée comme le comble de la mauvaise foi des coupables, et de leur mépris pour la
justice : aussi le décret les menace-t-il désormais d'une
punition *arbitraire*.

XCII. *Sonder dat de eyghenaers kommende met de officiers op de voorsz. duyf-koten, hunne duyven sullen moghen uytjaghen, oft eenigh beleth doen aen onse voorsz. commisen, in de selve visite, op pene van erbitralyck gestraft te worden.*

Telles sont les principales dispositions qui ont régi les colombiers et les pigeons dans notre pays, jusqu'au moment où le code français est venu remplacer notre ancienne législation.

Notre oiseau ne pouvait manquer de fixer l'attention des jurisconsultes chargés de la rédaction de cet ouvrage qui est, sans contredit, le plus beau titre de gloire de Napoléon. — Voici ce qu'on y lit: « Les pigeons, lapins, poissons, qui passent dans un autre colombier, garenne ou étang, appartiennent au propriétaire de ces objets, *pourvu qu'ils n'y aient point été attirés par fraude et artifice* [1]. »

On voit que les législateurs français n'ont fait que sanctionner le principe de nos réglements d'autrefois, en admettant que les moyens perfides dont on se sert pour se rendre maître d'un pigeon, ne peuvent jamais constituer un titre de légitime propriété.

Un pigeon s'introduit, de son propre mouvement,

---

[1] De la propriété, art. 564.

dans votre colombier ; dès ce moment il vous appartient de plein droit ; l'article du code, que nous venons de rapporter, est formel. Cependant, si vous connaissez le propriétaire du pigeon, n'êtes-vous pas, en conscience, obligé de le rendre ? Écoutons le célèbre jurisconsulte Pothier : « Lorsqu'un oiseau apprivoisé, comme un perroquet, une pie, un serin, s'est envolé de la maison de son maître, le voisin qui l'a pris, est obligé de le rendre à celui à qui il appartient, lequel n'en perd pas la propriété *tant qu'il conserve l'espérance de le recouvrer*. Les devoirs du bon voisinage obligent même celui qui l'a pris, de s'informer qui est celui qui l'a perdu, afin de le lui rendre [1]. »

Pourquoi ne suivrait-on pas, à l'égard des pigeons, ces mêmes principes de justice et de loyauté que Pothier réclame en faveur des oiseaux apprivoisés ? Il me semble même que le maître d'un pigeon qui s'est laissé attirer frauduleusement dans un colombier étranger, a bien plus de droit à l'invocation de ces principes, que le possesseur d'un oiseau familier. Pourquoi ?.... Parce que son espoir de recouvrer ce pigeon, est infiniment mieux fondé

---

[1] *Traité du droit de domaine de propriété*; Paris, 1772, p. 60.

que celui du propriétaire de la pie ou du serin qui vient de s'évader. Le pigeon, en effet, conserve toute sa vie cet *esprit de retour*, dont parle Du Courroy [1]; jamais il ne perd le souvenir de l'asile hospitalier où il naquit, et qui abrite les objets de sa tendre affection : on a vu des pigeons revenir au colombier après deux, trois, cinq ans d'absence : tandis qu'une fois rendus à la liberté, le serin et la pie, quelqu'apprivoisés qu'ils soient, ne retournent plus jamais auprès de leur maître.

Mais je m'arrête; l'examen d'une question de droit ne pourrait qu'ennuyer la plupart de mes lecteurs; ce n'est pas, du reste, un traité, mais une histoire que je me suis proposé d'écrire : je rentre donc dans mon cadre par le récit d'une anecdote, que je garantis authentique, et dans laquelle nous verrons un pigeon remplir une mission évidemment providentielle. — Comme il existe encore aujourd'hui, à ce qu'on m'a affirmé, plusieurs descendants des principaux personnages de cette histoire, je transporterai la scène dans d'autres localités que celles où elle s'est réellement passée.

---

[1] Voyez page 215.

CHAPITRE X

La colombe providentielle.

A l'approche de l'armée républicaine qui, pour la seconde fois, s'empara de la Belgique, en 1794, une grande épouvante se répandit dans tout le pays, et surtout parmi les habitants des campagnes. Effrayés par les récits des horreurs de toute espèce, qui se commettaient chaque jour en France, ces malheureux s'attendaient à ne voir à leur tour, dans les troupes envahissantes, que des hordes de brigands, à la rapacité desquelles rien ne devait échapper. Chacun d'eux se hâta donc de cacher son petit avoir, soit dans la terre, soit au fond d'un puits, soit, enfin, de toute autre manière.

Dans un des plus beaux villages de la province de Brabant, situé à trois lieues de Bruxelles, habitait un ancien commerçant, possesseur d'une fort jolie fortune, acquise par quarante années de travail, de probité et d'économie. Il s'était, depuis quelque temps, retiré à la campagne avec sa femme et sa fille, pour passer le reste de sa vie dans ce calme et ce repos bienheureux, après lequel soupirent sans cesse ceux qu'emporte le tourbillon des affaires.

Lorque cette famille apprit la nouvelle de l'arrivée prochaine des républicains, elle partagea la terreur générale, et songea également à mettre en sûreté tout ce qu'elle avait de plus précieux. Le mari prit donc un petit coffre, y renferma soixante mille francs en or et en billets de banque, les bijoux de sa femme et de sa fille, et plusieurs autres objets de valeur, et par une nuit bien noire, ce coffre fut enterré dans un endroit du jardin, où il était tout à fait improbable qu'on le découvrît jamais.

On sait qu'il y a des personnes qu'une déplorable faiblesse de caractère entraîne toujours à se repentir d'une résolution qu'elles viennent à peine de prendre : c'était là le malheureux défaut, le seul, peut-être, de la femme de notre honnête marchand. Une heure ne s'était pas encore écoulée depuis que la cassette avait été enfouie, que déjà la pauvre Catherine était en proie aux plus vifs regrets, aux plus poignantes angoisses. — Tantôt elle craignait que son mari n'eût été épié par l'un ou l'autre voisin ; tantôt que la terre fraîchement remuée ne révélât aux Français, l'endroit où le trésor était déposé, bien que cet endroit eût été recouvert, avec le plus grand soin, de branches et de feuilles mortes ; tantôt, enfin, elle tremblait en songeant que des voleurs pourraient s'introduire dans l'enclos, et réussir à trouver la cassette en sondant partout. Catherine passa une nuit affreuse ; aussi, dès que le jour commença à poindre, elle conjura son mari d'avoir pitié d'elle, de déterrer le précieux dépôt, et de le cacher sous l'une des dalles de la cave. — Habitué à céder aux instances de sa femme, l'excellent Bernard se rendit à ses désirs ; il savait d'ailleurs, que tous les raisonnements du monde ne pourraient pas faire revenir Catherine de ses frayeurs. Le soir donc étant venu, le petit coffre fut tiré du jardin, et placé sous l'une des grosses pierres qui pavaient la cave.

Mais, hélas ! cette seconde cachette ne tarda pas à inspirer à Catherine autant d'inquiétudes que la première. — Son mari avait été obligé de se servir d'une pioche et d'une pelle pour soulever la pierre et creuser un trou, et malgré toute la prudence qu'il y avait mise, il lui avait été impossible de ne pas faire un peu de bruit.

Ce fut là pour Catherine une nouvelle source d'a-larmes. — Ce bruit, les voisins doivent l'avoir entendu, se disait-elle ; ils en auront facilement compris le motif ; ils nous trahiront ; on ne peut se fier à per-sonne aujourd'hui ; si nous laissons le coffre où il est en ce moment, c'en est fait, nous sommes rui-nés ; Dieu sait si même on ne viendra pas nous assassiner !....

Obsédée par cette idée fixe, Catherine n'y tint pas, et dès le lendemain matin, elle communiqua ses craintes à son mari, ajoutant qu'elle ne serait tranquille, enfin, que lorsque la cassette se trouve-rait en sûreté, dans une grande ville, entre les mains d'un ami. — Croyez-moi, dit-elle, c'est là ce que nous avons de mieux à faire, et rien ne nous est plus facile. N'avez-vous pas à Bruxelles, M. R..., cet hon-nête banquier, votre ancien associé ? Les relations intimes que vous avez eues avec lui, pendant plus de vingt ans, vous ont fait connaître son bon cœur et sa loyauté ; vous lui avez d'ailleurs rendu trop de services, pour qu'il ne se fasse pas un plaisir de vous aider en cette malheureuse circonstance. Confions-lui notre fortune ; c'est le seul moyen de nous délivrer, désormais, de toute inquiétude à ce sujet.

L'ex-négociant aimait trop sa femme pour la contrarier ; lui-même, du reste, convint que le conseil de Catherine était fort sage. Dans une grande ville, en effet, il n'était pas probable que ce trésor dût jamais être exposé au moindre danger ; tandis qu'au village, on avait tout à redouter des violences et des recherches minutieuses, auxquelles la soldatesque ne manquerait pas, sans doute, de se livrer.

Sur-le-champ donc, Bernard attèle sa voiture, y place le petit coffre, monte, et allait faire partir le cheval, lorsqu'un voisin survient, et apprend aux deux époux que les bandes républicaines ont passé la frontière depuis la veille ; que déjà elles parcourent le pays en commettant toutes sortes de brigandages ; qu'elles ne sont plus qu'à une petite distance du village, et qu'on doit s'attendre à les voir arriver à chaque instant. — Cette nouvelle jette Catherine et son mari dans une nouvelle perplexité. Faut-il renoncer au voyage, ou bien l'entreprendre, malgré les périls qu'il présente ? — Après avoir, pendant quelques minutes, examiné les chances de l'un et l'autre parti, il fut décidé que le coffre serait transporté à Bruxelles. Mieux valait encore, au dire de Catherine, braver quelques risques pendant une heure, (il fallait tout au plus ce temps-là pour se rendre du village à la capitale,) que de vivre, des mois entiers peut-être, dans des terreurs incessantes ; tel était aussi l'avis du mari.

Déjà celui-ci avait donné le signal du départ en faisant claquer son fouet, lorsque, songeant tout-à-coup aux inquiétudes qui, pendant son absence, allaient tourmenter sa bonne Catherine, il descend une seconde fois de la voiture, monte à son colombier, et revient aussitôt auprès de sa femme : — Tu connais ce fidèle messager, lui dit-il, en lui montrant un magnifique pigeon emprisonné dans un petit filet : eh bien! quand tu le verras revenir au logis, tu pourras te dire que tout est terminé selon nos souhaits.

A peine Bernard fut-il parti d'une demi-heure, que Catherine alla se placer au jardin, résolue de ne pas détacher, un seul instant, ses yeux du colombier. Une heure s'écoule, et pas un pigeon ne paraît. Une seconde, une troisième heure se passe encore, et la pauvre Catherine attend toujours. Qu'on juge de l'affreuse épouvante qui s'empara alors de la malheureuse femme, et cette fois, il faut l'avouer, cette épouvante était très-légitime, car Bernard lui-même pouvait être de retour. Le soir arrive enfin, et Catherine, forcée par l'obscurité de quitter le jardin, allait rentrer, lorsqu'une dame de ses amies s'approcha d'elle, et la salua, mais d'une voix tellement troublée, que Catherine comprit tout d'abord que cette dame venait lui apprendre une fatale nouvelle. — Je devine, s'écria-t-elle, mon mari est mort, il a été assassiné !.... et, comme frappée de la foudre, elle s'évanouit. Ce ne fut que bien avant dans la nuit qu'elle revint à elle, et dès qu'elle fut en état d'entendre ce qu'on lui disait, elle exigea qu'on lui fit connaître toute la vérité. Son amie, qui ne l'avait pas quittée, lui apprit alors, avec tous les ménagements possibles, qu'un villageois, arrivé vers le soir, de Bruxelles, avait raconté qu'il n'était bruit dans la ville, que de la mort subite d'un étranger qui, ce même jour, avait été frappé d'une apoplexie foudroyante, quelques minutes après qu'il fut descendu à l'hôtel du Corbeau-Blanc. — Cette nouvelle, ajouta la dame, n'est du reste qu'un *on dit ;* et rien ne prouve jusqu'ici que cet étranger soit M. Bernard. Ces précautions oratoires ne laissèrent aucun doute à Catherine : elle s'aperçut tout d'abord que son malheur n'était que trop réel, et qu'on voulait la préparer, peu-à-peu, à en entendre l'aveu sincère : elle ne se trompait pas ; c'était bien Bernard qui avait été tué d'un coup de sang, à l'hôtel du Corbeau-Blanc.

Huit jours seulement après cette terrible catastrophe, Catherine fut en état de s'arracher à sa douleur, pour s'occuper de la cassette qui renfermait toute sa fortune, et par conséquent son avenir et celui de sa fille. Elle partit donc pour Bruxelles, et se rendit chez M. R.... qui montra la plus vive surprise, en apprenant la mort de son ancien associé.

— Que m'apprenez-vous là ? Madame, dit-il : et c'est jeudi dernier, à midi, que votre mari est mort ? Mais, il n'y avait pas plus d'une heure que nous nous étions serré la main....

— Ainsi, Monsieur, vous l'avez vu ; il est venu chez vous ?

— Bien certainement, Madame ; il est vrai que nous n'avons eu qu'un très-court entretien ensemble. Au moment où Bernard est arrivé, je m'occupais d'une besogne des plus importantes, et qui ne souffrait aucun retard ; je priai donc votre mari de revenir me trouver dans l'après-dinée, pour arranger l'affaire qui l'amenait ici.

— C'est d'un petit coffre que vous voulez parler, Monsieur ? interrompit Catherine.

— En effet, Madame ; votre mari me dit qu'il avait avec lui une cassette qui contenait une partie de votre fortune.

— Notre fortune entière, s'écria Catherine, pâle et tremblante ; mais achevez, je vous en supplie, Monsieur ; cette cassette....

— Eh bien! madame, répliqua le banquier d'une voix presqu'aussi agitée que l'était celle de la veuve, pendant que son visage s'inondait d'une sueur abondante; votre mari devait, disait-il, me remettre cette cassette....

— Et vous ne l'avez pas reçue ; cette cassette n'est pas dans votre maison, Monsieur?

— Non, Madame, je n'ai plus revu Bernard.

— Grand Dieu ! nous sommes perdues ! s'écria Catherine anéantie.

— Oh! non, non, tranquillisez-vous, Madame: il n'est pas possible que cette cassette ait été volée en plein jour. Il est à croire que votre mari n'aura pas voulu attendre l'heure convenue entre nous, et qu'il aura remis le précieux dépôt entre les mains de l'un ou l'autre de ses amis, qui ignore encore en ce moment, le malheur qui vous a frappée. Moi-même, comme vous l'avez vu, Madame, je l'ignorais complètement, il n'y a que quelques instants. — Croyez-moi, vous n'avez aucun motif de vous alarmer. Dès que la triste nouvelle de la mort de Bernard, sera parvenue à celui qui a reçu la cassette, il s'empressera d'aller vous trouver, n'en doutez point ; car votre mari ne peut avoir confié sa fortune qu'à un homme dont la probité lui fût parfaitement connue.

Quelque rassurant que pût paraître le raisonnement du banquier, il ne produisit aucune impression sur l'esprit troublé de l'infortunée veuve. Le désespoir dans l'âme, elle se rend à l'hôtel du Corbeau-Blanc ; et s'informe si, en arrivant, son mari n'avait pas un petit coffre avec lui : on lui répond, on lui affirme sous serment, que Bernard n'avait aucun bagage quelconque ; qu'il avait aidé, lui-même, à dételer son cheval ; qu'il était monté ensuite à sa chambre ; enfin, que deux heures après, on l'avait trouvé mort, et que le seul objet trouvé dans sa voiture, était un petit filet. — Catherine quitte l'hôtel, et court chez toutes les personnes avec lesquelles elle savait que son mari avait eu autrefois des rapports d'affaires ou d'amitié ; mais hélas ! aucune d'elles n'avait vu l'ancien commerçant, ni le jour de son décès, ni aucun autre jour, depuis plus de six mois.

La justice, instruite de la disparition mystérieuse du petit coffre, vint en aide à Catherine ; mais ses nombreuses et actives recherches ne réussirent pas mieux que les démarches de la pauvre dame. Le coffre avait disparu durant le court espace de temps qui s'était écoulé depuis le moment où le défunt avait quitté la maison de M. R..., et celui où il était entré dans l'hôtel du Corbeau-Blanc : c'était là un fait acquis; mais c'était le seul. Il ne paraissait pas admissible que la cassette eût été volée, car tous les gens de l'hôtel attestaient qu'en arrivant, M. Bernard s'était montré content, gai même, et qu'il n'avait parlé à aucun d'eux d'un vol commis à son préjudice; ce que, bien évidemment, il n'aurait pas manqué de faire, si un pareil malheur avait eu lieu. Tout le monde donc était disposé à croire, avec le banquier, que le dépositaire de la cassette ignorait encore, à l'heure qu'il était, la mort de Bernard. — Quelques personnes, toutefois, ne partageaient pas cette opinion, disant qu'il n'était pas probable, qu'il n'était guères possible même, qu'il se trouvât encore quelqu'un à Bruxelles, qui n'eût point connaissance et de cette mort, et de la manière étrange dont la cassette avait disparu. En un mot, on se perdit en conjectures pendant trois ou quatre jours, au bout desquels un autre événement vint à son tour, captiver l'attention et l'intérêt du public de la capitale.

Deux mois venaient de s'écouler. Dépouillée de sa fortune, et renonçant à tout espoir de la retrouver jamais, Catherine se vit obligée de vendre la maison qu'elle habitait. Ce fut un riche et brave fermier, appelé Jérôme, qui en fit l'acquisition. Jérôme jouissait d'une estime, je dirai même, d'une vénération générale dans le village. C'était la probité personnifiée, et jamais le pauvre ne faisait un vain appel à sa charité. Chose singulière cependant! cet excellent vieillard, doué de tant de précieuses qualités, ne pouvait souffrir les pigeons. Était-ce une aversion instinctive, ou bien, avait-il eu à se plaindre de ces oiseaux? Je l'ignore, mais toujours est-il qu'il les détestait de tout son cœur. Aussi, le jour même où il vint, la première fois, inspecter sa nouvelle propriété, il commanda à l'un de ses domestiques, de faire, séance tenante, une Saint-Barthélémy de tous les hôtes du colombier. Cet ordre fut exécuté sur-le-champ, et les cadavres de vingt innocentes victimes, furent joyeusement emportés par le bourreau qui avait été chargé du massacre, et qui courut à toutes jambes à la ferme, annoncer à ses camarades le succulent dîner dont leur maître venait de les gratifier pour le lendemain.

Mais il était écrit que celui qui avait commis sans le moindre remords, cette horrible boucherie, n'en profiterait pas.

Le jour suivant, en effet, pendant que le fumet des malheureux pigeons qu'on faisait rôtir, rendait tout le personnel de la ferme impatient de voir arriver le moment de se mettre à table, notre bourreau vint trouver Jérôme, et lui dit : — Maître, voici un petit morceau de papier que j'ai trouvé, ce matin, attaché à la queue d'un des pigeons que j'ai tués hier.

— Et que dit ce petit papier, Jean?

— Je ne pourrais pas le dire, maître; je ne sais pas lire.

Le bon vieillard prend le billet, et à peine y a-t-il jeté un coup-d'œil que, transporté de joie, il s'écrie : — Vite, vite, Jean ; attelez la carriole, et en route pour la ville.

— Atteler la carriole.... partir.... même avant le dîner qui est tout prêt? demanda Jean en poussant de profonds soupirs.

— Il faut que nous partions tout de suite, mon

garçon; nous dinerons ce soir, demain, qu'importe? Mais allez, dépêchez-vous donc; dans dix minutes nous partons.

Puis, sans prêter l'oreille aux regrets et aux lamentations de Jean, dont le désespoir ne saurait se décrire, Jérôme appelle son fils, jeune homme d'une vingtaine d'années et d'une stature herculéenne : — Va mettre tes habits de dimanche, Pierre, lui dit-il, et accompagne-moi à Bruxelles : s'il plaît à Dieu, nous serons témoins aujourd'hui d'un événement aussi heureux qu'inattendu.

Pierre, qui ne comprend rien à ces paroles, adresse vingt questions à son père ; mais celui-ci se borne à lui répondre : — Tu verras, tu verras, mon enfant ; ne perdons pas notre temps à bavarder ; vas et reviens ; voilà déjà la carriole qui nous attend.

Dix minutes après, le fermier, son fils et Jean étaient installés dans la voiture : ce dernier, qui avait peine à retenir ses larmes, souhaitait du fond de son cœur que le cheval refusàt de faire un seul pas : mais celui-ci, prévenu par deux ou trois admonitions auxquelles un fouet, manié par un bras vigoureux, servaient d'interprète, comprit parfaitement qu'on attendait une preuve extraordinaire de son obéissance et de son agilité ; il se lança donc sur la grande route avec la vitesse d'une flèche, et soutint si bien cette première ardeur, qu'en moins d'une demi-heure, les trois villageois se trouvèrent rendus devant la maison du banquier. — Sur sa demande, le fermier, suivi de son fils, fut aussitôt introduit dans le bureau où M. R... se trouvait seul.

— Personne ne peut nous entendre causer ici, Monsieur ? demanda le vieillard au financier, tout surpris d'une pareille question.

— Vous avez donc à me parler de choses bien importantes, Monsieur ?...

— Je vous demande, répéta Jérôme, si personne ne peut nous entendre ? Veuillez-vous en assurer, Monsieur.

M. R... se leva, ouvrit une porte qui communiquait avec une chambre voisine, jeta un coup-d'œil dans cette chambre, referma soigneusement la porte, et revint se placer dans son fauteuil, auprès du fermier : — Vous pouvez parler sans aucune crainte, dit-il ; personne ne saurait entendre une seule de nos paroles.

Jérôme leva alors sa belle tête, et attachant sur le banquier un regard accusateur : — Monsieur, lui dit-il, voudriez-vous bien fixer un moment vos yeux sur les miens ?

Ces mots, prononcés d'une voix grave, produisirent la plus vive impression sur celui à qui ils étaient adressés ; il se contint cependant, mais avec un effort pénible, qui n'échappa, ni au vieillard ni à son fils :

— Ce n'est pas pour m'insulter, je pense, Monsieur, que vous êtes venu chez moi ? dit-il en balbutiant.

— Je n'ai jamais insulté personne de ma vie, répliqua le campagnard ; mais je ne me suis pas non plus rendu ici, pour vous faire des compliments sur votre probité.

— Monsieur, !.... s'écria le banquier en se levant avec vivacité.

— Monsieur, prenez garde, lui dit le fermier, on pourrait vous entendre.

Cette observation obtint un effet immédiat ; l'homme de finances se replaça sur son siége, prit une contenance rassurée, et tacha même d'appeler un sourire sur ses lèvres. — Voudriez-vous, Monsieur, dit-il, me faire connaître le motif qui vous amène ici ?

Le bon vieillard avait le cœur excellent, mais la parole parfois un peu rude : — Je suis venu, dit-il, pour vous dire que vous êtes un fripon, un lâche, un misérable, et que je pourrais, si je voulais, vous faire pendre, aux applaudissements de toute la population de Bruxelles.

Cette terrible apostrophe fit trembler le banquier de tout son corps, comme si un violent accès de fièvre se fût tout à coup emparé de lui : sa figure se couvrit d'une pâleur effrayante.

Pas de doute, cet homme était coupable : cependant après quelques minutes d'une terreur visible, il revint à lui, se redressa même avec une sorte de fierté, et donnant à sa voix un ton de dignité offensée : — Monsieur, dit-il, si vous avez quelque grief à me reprocher, expliquez-vous ; mais je vous préviens que si la moindre expression insultante sort encore de votre bouche, je vous ferai jeter à la porte.

— Hein ? que dites-vous là ? Jeter mon père à la porte ! s'écria le fils du fermier en bondissant, et en frappant avec violence le plancher du bout de son bâton noueux.

— J'ai bien le droit, je pense, quand on m'outrage chez moi....

— Ma foi, interrompit Pierre, je ne comprends rien à tout ce que je viens d'entendre ; mais puisque mon père vous a appelé fripon et misérable, il faut bien que vous le soyez, car le vieux Jérôme, voyez-vous, n'a jamais dit un seul mensonge de sa vie.

— Tais-toi, Pierre, calme-toi, mon garçon ;

Monsieur le banquier et moi, nous nous comprenons déjà très-bien, j'en suis sûr. — Se tournant ensuite vers M. R.... : — Croyez-moi, dit-il, abrégeons cette entrevue : il existe, vous le savez, un proverbe dont la vérité est attestée par des milliers d'exemples : ce proverbe dit qu'une mauvaise action est connue tôt ou tard, dûssent les corbeaux la révéler. — Cette fois, ce n'est pas un corbeau, mais un pigeon, dont la Providence s'est servie, pour dévoiler la conduite infâme que vous avez tenue à l'égard de la malheureuse veuve d'un de vos anciens amis. — Oh ! ne cherchez pas à nier, Monsieur ; je sais tout.

— Mais que savez-vous donc ? dit le banquier, s'efforçant, mais en vain, de sourire pour cacher le trouble qui le torturait.

— Monsieur, si vous n'étiez pas coupable, vous n'auriez pas hésité un seul moment à faire exécuter la menace de nous chasser de votre maison.

— Mais à quoi voulez-vous en venir enfin ?

— Ah ! vous ne me comprenez pas ?

— Pas le moins du monde, je vous le jure...

— Arrêtez, Monsieur, votre serment serait un parjure.

— Mais au nom du ciel, expliquez-vous, s'écria le banquier.

— Volontiers , Monsieur. Il y a cinq mois, un brave et digne homme, un ancien commerçant, remit à l'un de ses amis qui habite cette ville, un petit coffre qu'il n'osait pas garder auprès de lui à la campagne....

— Je connais ce triste événement, Monsieur, dit le banquier, qu'un horrible frisson saisit de nouveau ; je sais, comme tout le monde, que cette cassette a disparu.

— Et vous ne savez pas ce qu'elle est devenue?

— Nullement, Monsieur....

— Eh bien! je vais vous l'apprendre : cette cassette, Monsieur, c'est vous qui l'avez!

— Moi ! s'écria le banquier anéanti.

— Oui , vous-même;

— Et quelles preuves ?...

Jérôme tira alors de son portefeuille , un petit papier qu'il déploya : — Quelles preuves, Monsieur?... Écoutez : — « Ma chère Catherine ; n'aie plus la moindre inquiétude ; notre fortune est en sûreté chez mon ami R.... » C'est bien votre nom, Monsieur....

— « Lui et moi nous venons d'enterrer le petit coffre dans un coin de sa cave.... Votre ami, Bernard. »

— Regardez, regardez, Monsieur ; c'est bien la signature du malheureux Bernard ; vous devez la connaître mieux que personne....

A peine le banquier eut-il jeté un regard sur ces fatales lignes, que, succombant sous le poids du remords et de la terreur, il pâlit de manière à faire croire un moment aux deux campagnards, qu'il allait expirer. Son visage se couvrit d'une sueur glacée ; ses mains se crispèrent ; son regard s'éteignit ; enfin il s'affaissa sur lui-même, comme un homme qu'une balle vient de frapper au cœur. — C'était un spectacle hideux à voir.

Ce ne fut qu'au bout d'un quart d'heure que le malheureux reprit ses sens. — Maintenant, Monsieur, lui dit le vieillard, je vous y engage de nouveau, terminons cet entretien : vous le voyez, je puis vous perdre, vous, votre femme et vos enfants, en vous faisant conduire de cette chambre à la prison. Cependant, je veux que vous-même décidiez de votre sort : remettez-moi la cassette que vous avez si déloyalement soustraite à la famille de Bernard, et je vous promets, je vous affirme sur mon honneur, que jamais personne au monde ne saura que c'est à vous que Bernard l'avait confiée. Si vous rejetez cette offre, Monsieur, réfléchissez-y bien, vous êtes perdu, perdu pour jamais, car à l'instant même je cours instruire la justice, pendant que mon fils vous gardera à vue dans cette chambre.

— Et je vous promets, mon père, s'écria Pierre, qui ne pouvait contenir son indignation, que le diable lui-même n'arrachera pas Monsieur de mes mains.

Un rayon de joie parut alors éclairer tout-à-coup les traits du banquier; on eût dit qu'on venait de le délivrer d'un poids énorme qui l'écrasait. Tombant aux genoux de Jérôme dont il pressait les mains contre ses lèvres : — Au nom du ciel, Monsieur, lui dit-il, d'une voix suppliante et en versant des larmes abondantes, ne vouez pas à une honte éternelle, ma femme et mes pauvres enfants. Je mérite le châtiment des plus grands criminels, je le sais; mais écoutez-moi, je vous en supplie, et vous conviendrez vous-même, que je ne suis pas entièrement indigne de votre pitié. Une spéculation que je venais de faire, avait mal réussi; j'étais sur le bord d'un abîme, lorsque Bernard vint remettre entre mes mains cette funeste cassette, qui renfermait, comme vous le savez peut-être, soixante mille francs. Le même jour j'appris le malheur qui avait frappé mon ami : le démon glissa aussitôt une idée horrible dans mon esprit; ma tête s'égara, j'étais comme entraîné par une attraction irrésistible : ces soixante mille francs devaient me sauver de l'ignominie d'une banqueroute! Je résolus de me les approprier, mais en promettant

dans toute la sincérité de mon âme, de les rendre
à la veuve, dès que ma fortune serait rétablie. —
D'après ce que Bernard m'avait dit, j'étais persuadé
que personne, pas même sa femme, ne pouvait
avoir la certitude que j'étais le dépositaire de ce
trésor : et puis, je comptais assez sur ma longue
réputation de probité, pour n'avoir pas à craindre
que le moindre soupçon de déloyauté pût jamais
retomber sur moi. — Ah! Monsieur, vous ne savez
pas ce que j'ai souffert depuis ce jour fatal! J'avais
pu faillir un moment, mais je n'eus point le
courage de profiter de mon crime. — La cassette
n'a pas été ouverte; je ne suis pas même descendu
une seule fois dans la cave où Bernard et moi,
nous l'avions déposée : il me semblait qu'une main
invisible m'en repoussait. Tout cela est vrai, Monsieur, je vous l'atteste à la face du ciel, dont
l'inexorable justice atteint toujours un coupable. Et
maintenant que je vous ai tout avoué, je vous en
conjure, Monsieur, ne précipitez pas une famille entière dans le déshonneur et dans la misère.

— Relevez-vous et ne craignez rien, dit le bon
vieillard, les yeux remplis de larmes : une seule
plante de mauvaise herbe ne gâte pas un champ
tout entier : avant le jour où vous avez succombé

à une infernale tentation, vous aviez toujours été un honnête homme, et vous avez continué de l'être encore depuis : un seul moment d'oubli ne doit pas flétrir toute une existence honorable : d'ailleurs, un repentir sincère, et je suis persuadé que le vôtre est tel, Monsieur, doit fléchir les hommes, en même temps qu'il fait trouver grâce aux yeux de Dieu. Ainsi donc, que tout soit oublié... Quant à la cassette...

— Je vais vous la remettre à l'instant même, s'écria le banquier en se jetant dans les bras de Jérôme.

— Et moi, dit celui-ci, je la rendrai à la veuve de M. Bernard, vous promettant de nouveau, que ni elle, ni personne, ne saura jamais un seul mot de ce qui s'est passé entre nous aujourd'hui.

Un quart d'heure après la scène que je viens d'esquisser, la carriole du fermier s'arrêta devant la maison, dans laquelle Madame Bernard et sa fille occupaient un modeste quartier. Jérôme était sur le point de sonner, lorsqu'il se ravisa tout à coup, et tira son fils un peu à l'écart : — Un moment, Pierre, lui dit-il ; dans la joie que nous éprouvons, gardons-nous de commettre une imprudence qui pourrait avoir les suites les plus fâcheuses : il serait fort dangereux, crois-moi, de nous présenter

devant ces dames, et de leur dire brusquement :
— Nous vous rapportons toute votre fortune. —
Non, mon garçon, nous ne pouvons pas nous y
prendre de cette manière. Si nous avions à annoncer cette nouvelle à un homme, ce serait différent ;
mais à cette pauvre Catherine, dont la tête est si
faible..... non, cela ne se peut pas ; il faut la préparer peu à peu au bonheur qui l'attend.

— Mais comment faire, mon père ?

— Suis-moi, mon garçon, le bon Dieu nous aidera.

Un instant après, les deux campagnards se trouvèrent en présence de Catherine et de sa charmante
fille. — Vous savez, Madame, dit le fermier à la
veuve, après une courte conversation insignifiante,
vous savez que c'est mercredi prochain que je dois
vous payer la somme....

— Je le sais, Monsieur, interrompit en soupirant
Catherine, en qui ces paroles réveillaient les plus
cruels souvenirs.

— Oserais-je, Madame, vous prier de m'accorder
une grâce, ce jour-là ?

— Une grâce, Monsieur Jérôme ?... et laquelle, je
vous prie ?

— Celle de vouloir bien passer une partie de cette
journée dans votre ancienne habitation....

— Comment, Monsieur ? demanda Catherine, surprise d'une si singulière invitation ; vous désirez que je vienne....

— Ma foi, oui, Madame ; je comprends que ma proposition doit vous paraître étrange, inconvenante même ; mais que voulez-vous ? Les vieillards sont parfois un peu superstitieux : tenez, Madame, je suis certain que cette acquisition me porterait malheur, si vous ne consentiez pas à y séjourner quelques heures encore, avant que je m'y installe.

— Mais, Monsieur, observa Catherine avec bonté, puisque je vous ai vendu librement ma maison, comment se pourrait-il ?...

— Oh ! je sais bien, Madame, que c'est une idée ridicule que j'ai là ; mais la vieillesse a tant de droits à l'indulgence, et vous êtes si bonne, Madame, que vous ne voudrez pas me refuser cette faveur, j'en suis persuadé.

Jérôme parlait avec tant d'émotion ; il paraissait attacher tant d'importance à ce que cette faveur lui fût accordée ; il insista si longtemps, que Catherine consentit, enfin, à se rendre à son désir.

— Oh ! merci, mille fois merci, Madame ; mercredi matin, mon fils viendra vous prendre en voiture, vous et votre aimable demoiselle, et, soyez en persuadée, vous passerez toutes deux, une agréable journée.

— Agréable ! murmura la veuve, en baissant la tête, pendant que des larmes amères échappaient de ses yeux.

— Oui, agréable, je vous le promets, je vous l'assure, dit le vieillard en souriant.

— Et mon père n'a jamais manqué à une seule de ses promesses, Madame, ajouta Pierre.

— Ainsi donc, à mercredi, voilà qui est convenu. A propos, Madame, n'avez-vous plus rien entendu de votre cassette ?

— Rien, Monsieur Jérôme, dit Catherine, on ne peut plus étonnée d'entendre sortir de la bouche du fermier, et sans le moindre à propos, cette question qu'il savait bien devoir être suivie d'une réponse négative.

— Veuillez, je vous prie, madame, dit-il, ne pas attribuer ma demande, à un simple motif de curiosité.

— Je le répète, les vieillards sont souvent un peu crédules ; c'est ce qui fait qu'ils ajoutent aisément foi aux présages et aux pressentiments : eh bien ! j'ai, depuis ce matin, un pressentiment qui ne peut, me semble-t-il, manquer de se réaliser.

— Et que vous annonce-t-il, Monsieur?

— Que vous retrouverez votre fortune, tout entière, sans qu'il y manque un seul liard.

Catherine regarda le vieillard avec une sorte de pitié.

— Oh ! moquez-vous de moi, si vous voulez, madame; mais j'ai en moi que cela sera.

— Pour moi, dit Pierre, je partage, sans hésiter, la croyance de mon père.

— Et si je ne me trompe, reprit le fermier, cet événement, auquel vous ne sauriez ajouter foi en ce moment, aura lieu avant huit jours.

— C'est un rêve que tout cela, Monsieur.

— Mais si c'était un avertissement du ciel ?...

— Impossible.

— C'est là un mot qui n'existe pas pour le bon Dieu. Mais allons, il faut que nous vous quittions : sans adieu, Mesdames, à mercredi ; et surtout, n'oubliez pas mon pressentiment, car je suis sûr, oui, sûr, qu'il s'accomplira.

Lorsque les deux campagnards furent partis, Catherine et sa fille réfléchirent quelques instants aux paroles de Jérôme, et elles les trouvèrent tellement étranges, tellement dénuées de bon sens même, qu'elles finirent par croire que l'excellent vieillard ne jouissait plus de toute la plénitude de sa raison.

La veille du jour convenu, Pierre alla trouver ces dames, sans autre motif, en apparence, que de leur demander à quelle heure, elles désiraient partir pour la campagne, le lendemain.

— Votre père tient donc beaucoup à ce que nous nous rendions chez lui, M. Pierre ?

— Il persiste toujours, Madame, à le désirer on ne peut plus ardemment.

— Vous devez comprendre cependant combien cette excursion sera pénible pour moi et pour ma fille.

— Je le sais, Madame ; aussi, toute notre vie, mon père et moi, nous vous serons reconnaissants de la grande bonté avec laquelle vous avez bien voulu accueillir notre prière.

— Notre complaisance ne mérite pas qu'on y attache un si haut prix, M. Pierre ; mais convenez du moins que c'est une idée fort bizarre que celle qui domine votre père.

— C'est ce dont je ne conviendrai jamais, Madame ; de la part de tout autre homme que mon père, je trouverais, comme vous, cette idée bizarre, absurde même ; mais, ce vénérable Jérôme, comme tout nos villageois l'appellent, n'a jamais rien dit qui ne fût appuyé de très-bons motifs.

— Pourtant, Monsieur, vous nous avouerez que

votre père accorde un peu trop de confiance aux pressentiments.

— Eh ! c'est au temps, Madame, à prouver s'il se trompe : je vous dirai que depuis la visite que nous avons eu l'honneur de vous faire, mon père n'a cessé de me répéter qu'il est certain que la cassette se retrouvera ; si bien, qu'en me voyant sur le point de partir, il y a deux heures, il m'a dit : — Pierre, tu peux donner à ces dames la certitude qu'avant huit jours, elles auront retrouvé leur fortune. — Pour moi, je crois aux paroles de mon père avec une confiance sans bornes, et cette confiance, Mesdames, je vous engage à la partager aujourd'hui, car, en vérité, mon père affirme sa prédiction avec trop d'assurance, pour qu'il soit permis de douter qu'elle ne s'accomplisse.

Après avoir dit ces mots d'un ton de conviction profonde, Pierre se sépara des deux dames, qui, cette fois, ne surent plus comment interpréter les discours de Jérôme et de son fils. — Évidemment, il y avait là-dessous un mystère ; mais ce fut en vain qu'elles s'efforcèrent de le pénétrer : quant à se dire que Jérôme et Pierre en savaient infiniment plus, au sujet de la cassette, qu'ils n'en avaient voulu dire jusqu'alors, l'idée ne leur en vint seulement pas : — les espérances des malheureux ont des bornes si étroites! — De toute la nuit, Catherine et sa fille ne purent fermer les yeux, tant elles étaient impatientes de revoir les deux fermiers, et de connaître le résultat de leurs étranges promesses.

Le lendemain, à dix heures, Pierre vint prendre ces dames pour les conduire à la campagne. Pendant toute la route, elles ne cessèrent de questionner leur Automédon; mais, à toutes les questions qui lui étaient adressées, celui-ci se contenta de répondre qu'il croyait fermement tout ce que croyait son père, et que ces dames feraient bien de l'imiter; que, du reste, il pouvait les assurer qu'elles seraient enchantées de leur journée.

Enfin, on arriva. Le bon Jérôme aida les deux invitées à descendre de la voiture, et les introduisit dans la chambre principale de la maison. Catherine et sa fille ne purent retenir leurs larmes en revoyant ces lieux qui leur rappelaient tant de souvenirs douloureux.

— Allons, allons, leur dit Jérôme, rappelons-nous que cette journée doit se passer dans la joie; j'ai promis, j'ai affirmé que cela serait, et je ne veux pas, à soixante-dix ans, que ma réputation de prophète soit mise en défaut. Vous devez avoir grand'faim ; venez, mettons-nous à table ; plus tard nous parlerons d'affaires.

Pendant tout le repas, Jérôme et Pierre furent si gais, si entraînants, qu'à la fin Catherine et sa fille ne purent s'empêcher de prendre part à leur bonne humeur. Jérôme les voyant si bien disposées, jugea que le moment était venu de les instruire de tout. Le brave homme n'avait fait que réfléchir, depuis plusieurs jours, pour savoir de quelle manière il convenait le mieux d'amener ce grand dénouement, afin d'épargner à Catherine et à sa fille, des émotions trop violentes. Voici comment il s'y prit.

— Ainsi donc, Madame, dit-il à la veuve, vous n'ajoutez pas la moindre foi à mes prédictions ?

— Je ne suis pas crédule, Monsieur Jérôme, et je n'ai jamais cru qu'un homme puisse lire dans l'avenir.

— Et vous avez tort, grand tort, Madame ; tenez, voulez-vous que je vous donne un échantillon de ma science ?

— Vous êtes astrologue, Monsieur ?

— Oui, Madame ; vous souriez, vous doutez ; eh bien ! encore une fois, me permettez-vous de vous donner une preuve de mon savoir-faire ?

— Très-volontiers ; j'écoute.

— Grâce à ma science, Madame, je ne lis pas seulement dans l'avenir, mais encore dans le présent...

— A livre ouvert, probablement, Monsieur Jérôme? observa Catherine, avec un petit air moqueur.

— Les livres, Madame, ça n'est bon que pour les savants vulgaires; mon livre, à moi, c'est le ciel, et les astres sont les lettres de ce livre; vous allez en être convaincue.

— Auriez-vous l'intention de consulter les astres en ce moment, Monsieur Jérôme?

— Oui, Madame.

— Mais il fait plein jour; le soleil....

— Eh! qu'importe que ce soit le soleil qui luise ou bien la lune? A chacune des vingt-quatre heures du jour, l'œil de l'astrologue voit briller les étoiles qu'il veut interroger. — Et en disant ces mots, prononcés d'un ton moitié sérieux, moitié badin, le vieillard se leva et alla se placer gravement à la croisée, en fixant sur le ciel un regard attentif. — C'est cela, dit-il après quelques moments de silence, oui, c'est bien cela; je comprends, je vois distinctement....

— Et que voyez-vous, Monsieur? demanda Catherine.

— Eh! Madame, je vois ce qui se passe dans votre esprit.

— Vraiment ? mais vous êtes un homme fort dangereux.

— Au contraire, car jamais je ne recours à ma science que pour rendre service : tenez, Madame, vous êtes en ce moment dans une erreur très-fâcheuse pour vous, et dont je veux vous tirer.

— Je crains bien, Monsieur Jérôme, que cette fois votre science n'échoue complètement.

— Vous allez voir au contraire que cette fois, comme toujours, elle est infaillible. Chez qui croyez-vous avoir dîné, Madame ?

— Mais, chez vous-même, je suppose.

— Voilà votre erreur, Madame.

— Que dites-vous, Monsieur ? dit Catherine tout interdite.

— La vérité, Madame, rien que la vérité.

— Monsieur Jérôme, parlons enfin sérieusement ; ce long badinage auquel vous venez de vous livrer ; ce pressentiment dont vous et votre fils vous avez parlé ; cette prédiction enfin.... au nom du ciel, je vous en supplie, que signifie tout cela ?

— Eh bien ! dit le vieillard, qui ne put se contenir plus longtemps, tout cela signifie que cette maison vous appartient encore ; que la cassette qui contenait votre fortune est retrouvée ; que depuis qu'elle est sortie d'ici, elle n'a pas été ouverte, et qu'ainsi, comme je vous l'ai dit, il n'y manque pas un seul liard.

— Grand Dieu ! s'écria Catherine, et elle s'évanouit.

— Là ! que vous disais-je, Pierre ? Voyez ce qui arrive malgré tous nos ménagements.

Les secours prodigués à Madame Bernard la firent bientôt revenir à elle; mais il se passa plus d'une heure avant qu'elle pût se déterminer à croire qu'elle n'était pas le jouet d'un songe; encore ne fut-elle entièrement convaincue, que lorsque le bon Jérôme lui remit la bienheureuse cassette.

— Et pourrais-je savoir, Monsieur, demanda Catherine après avoir remercié mille fois le vieillard, comment vous êtes parvenu. . . .

— Madame, interrompit le fermier, pour prix du zèle que mon fils et moi avons pu mettre à vous servir en cette circonstance, nous vous prions de nous accorder une seule récompense....

— Quelle qu'elle soit, Monsieur, nous vous l'accordons d'avance, moi et ma fille.

— C'est de croire, toute votre vie, que c'est la Providence qui vous rend votre fortune, et de ne jamais chercher à en savoir davantage.

— Nous vous le promettons, dirent à la fois les deux dames.

Le contrat de vente fut déchiré, et la même semaine encore, Catherine et sa fille vînrent occuper de nouveau la jolie habitation que, huit jours auparavant, elles croyaient ne plus jamais revoir.

Six mois après, Catherine, Jérôme et leurs deux enfants se trouvèrent encore réunis dans cette maison ; mais, cette fois, entourés de tous les notables du village : il y avait fête, grande fête : un festin somptueux attendait les invités; la joie brillait sur toutes les figures.... Pierre était devenu l'heureux époux de la charmante fille de Catherine.

CHAPITRE IX.

La colombe au XIXe siècle.

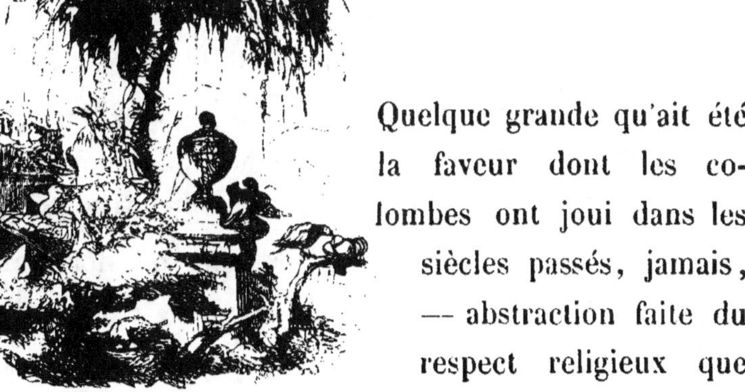

Quelque grande qu'ait été
la faveur dont les co-
lombes ont joui dans les
siècles passés, jamais,
— abstraction faite du
respect religieux que
l'antiquité avait pour elles, — jamais peut-être, cette
faveur n'a-t-elle égalé celle qu'on leur accorde aujourd'hui, dans un grand nombre de pays d'Europe,
et surtout en Belgique. A aucune époque, bien certainement, on ne s'est donné autant de peine pour

en améliorer la race, et grâce aux efforts assidus et intelligents de nos colombophiles, nous possédons maintenant des pigeons qui, sans contredit, surpassent en mérite, tous ceux des temps antérieurs.

La méthode généralement en usage aujourd'hui de croiser les différentes espèces de la grande famille colombine, ne date que depuis un petit nombre d'années dans notre patrie : il n'y a pas un demi-siècle encore, que l'on n'en élevait que deux ou trois espèces, et on les perpétuait sans les unir jamais.

— Chacune de ces espèces était douée d'une ou plusieurs qualités estimables; mais en même temps, elle laissait beaucoup à désirer sous d'autres rapports. — Il paraît que le défaut principal était le manque de forces suffisantes pour supporter les fatigues d'un lointain voyage. C'était un événement extraordinaire qu'un pigeon arrivant de Péronne à Anvers ! — En partant de ce point de comparaison, on doit convenir que les résultats obtenus depuis, dans l'éducation de ces intéressants messagers ailés, méritent une page bien honorable dans l'*histoire des progrès* de notre siècle.

La grande vogue dont les pigeons sont en possession parmi nous, a commencé il y a une vingtaine d'années. Avant 1828, les colombophiles étaient en si petit nombre, qu'ils formaient à peine sept ou huit sociétés dans la ville d'Anvers, où l'on en compte au moins trente aujourd'hui , y compris celles qui sont établies dans les faubourgs.

C'est en 1828, on le sait, que les fluctuations des fonds espagnols, exploitées par un agiotage astucieux et déhonté, donnèrent naissance à un fatal et frénétique espoir de s'enrichir du jour au lendemain, et la fureur avec laquelle on se livra à cette fièvre brûlante, renouvela l'épisode des malheureux *Mississipiens*, mystifiés par le trop fameux Law. Chacun se flattait de se réveiller, quelque matin, riche comme Rothschild, tout au moins. Pour arriver à ce résultat, la condition principale, la seule, pour mieux dire, consistait à avoir connaissance, avant tous les autres adorateurs du Veau d'or , de la hausse et de la baisse, que ces fonds éprouvaient à chaque instant dans les grandes villes d'Europe, à Paris surtout. On comprend qu'aussi longtemps qu'un heureux privilégié demeurait seul possesseur de ce secret, il pouvait exploiter à son aise, et à coup sûr, les craintes ou les espérances des crédules victimes, à qui la nouvelle des changements survenus brusquement dans la valeur conventionnelle de ces traîtres papiers, ne devait arriver que plusieurs heures plus tard, par la voie ordinaire de la poste.

Pour se procurer cet inappréciable avantage, plusieurs spéculateurs eurent recours aux pigeons ; chaque jour, ils en faisaient porter à Bruxelles, à Londres, à Paris ; et ce fut ainsi que notre oiseau acquit tout-à-coup une importance extraordinaire, dont nos colombophiles surent profiter habilement, en vendant ou en louant leurs pigeons, à des prix très-élevés.

Tout le monde parlait des services éminents que ces messagers rendaient dans les circonstances actuelles ; plus que jamais, on admirait et la rapidité de leur vol, et l'instinct merveilleux qui les guide dans leurs voyages ; leur éloge en un mot, était dans toutes les bouches, et un grand nombre de personnes s'empressèrent de se construire des colombiers.

C'est vers cette époque aussi que l'esprit d'association, ce vrai levier d'Archimède, se développa parmi nous avec une puissance inconnue jusqu'alors ; et cet esprit, qui bientôt devait opérer tant de miracles, fut encore extrêmement favorable à notre oiseau, car en fort peu de temps, le nombre des sociétés colombophiles fut quadruplé à Anvers.

Anvers est, sans contredit, celle de toutes nos villes, où la colombe obtient la plus vive sympathie. On a calculé qu'on y nourrit au moins 25,000 pigeons voyageurs [1]. Ce chiffre me paraît un peu exagéré, car, en accordant à chacune des trente sociétés établies dans la ville et *dans ses faubourgs*, une moyenne de vingt-cinq membres, et à chacun de ces membres, une moyenne de douze couples de pigeons, on n'obtiendra que le chiffre, énorme du reste encore, de 18,000 pigeons.

Quoiqu'il en soit, il est certain que c'est Anvers, qui possède le plus grand nombre de colombophiles, et ce qui est vrai de dire aussi, c'est que ceux-ci se distinguent, bien moins par leur nombre que par la rare intelligence qui caractérise leurs efforts dans le perfectionnement moral et physique de la race colombine.

Tous les ans, chaque société donne quatre concours, auxquels les membres de la société seuls prennent part. Deux de ces épreuves sont consacrées aux *jeunes* pigeons, c'est-à-dire à ceux qui sont nés l'année même où le concours a lieu; dans les deux autres, on n'admet que les *vieux* pigeons, dénomination souvent peu exacte, puisqu'on l'applique indifféremment aux pigeons de deux ans comme à ceux de huit ou dix ans.

[2] *Courrier d'Anvers*, 9 juillet 1846.

Outre ces concours particuliers, il y en a un ou deux autres encore, dans lesquels la palme est disputée par toutes les sociétés à la fois. Le premier prix de ces concours généraux, est appelé *prix d'honneur*, et procure à celui qui l'obtient, une réputation brillante de colomphile. Le nombre des autres prix est déterminé par celui des pigeons qu'on fait voler : on fixe d'ordinaire un prix par quatre ou cinq concurrents.

Pour qu'un amateur obtienne le droit de prendre part à ces grands concours, il faut qu'il appartienne à la société qui s'est établie à Anvers, il y trois ans environ, dans le but d'exterminer les oiseaux de proie. Chaque membre de cette institution paie cinquante centimes, et la masse de ces rétributions, renouvelée à mesure qu'elle s'épuise, est employée à encourager la chasse aux éperviers; pour un épervier vivant la société paie huit francs, et sept, pour un mort.

Afin de donner à ceux de mes lecteurs qui ne s'occupent point de l'élève des pigeons, une idée de la vitesse dont ceux-ci font preuve dans ces concours, je crois ne pouvoir mieux faire que de donner ici un tableau, qui leur fera connaître les noms des principales villes où on les transporte d'Anvers, et le temps qu'ils mettent ordinairement à revenir de ces villes à leurs colombiers :

de Péronne. . . . . en 3 heures, 50 minutes.
  » Paris [1] . . . . . . » 5   »
  » Versailles. . . . » 5   »
  » Orléans. . . . . » 6   »
  » Gien-sur-Loire. . » 7   » 50   »
  » Lyon [2]
  » Bordeaux   } . . » 50   »
  » Londres. . . . . » 5   »
  » Birmingham. . . » 5   » 50   »

Ces concours ont lieu, au mois de juin pour les vieux pigeons, et au mois d'août pour les jeunes : on choisit cette époque de l'année, parce que

[1] On comprend que l'état du ciel doit exercer une très-grande influence sur le vol des pigeons; c'est ainsi, par exemple, que par un temps favorable, ces oiseaux ne mettent que quatre heures pour revenir de Paris, de Versailles et de Londres: si, par contre, le ciel est brumeux, si le vent est contraire, il leur faut huit heures pour faire ces mêmes voyages.

[2] C'est-à-dire, qu'en lâchant un pigeon dans l'une de ces deux villes, un dimanche, par exemple, à 5 heures du matin, il ne rentre au colombier que le mardi matin à 7 heures. On sait que cet oiseau ne voyage point la nuit : quand vient le soir, il s'arrête dans sa course, et ne la reprend qu'au lever du jour : c'est ordinairement sur le faîte d'une maison élevée ou d'une église qu'il passe la nuit, et se repose de ses fatigues.

l'épervier n'infeste pas alors les airs : tout le monde sait que cet abominable oiseau arrive dans nos contrées au mois d'octobre, et qu'il y séjourne jusqu'au retour des hirondelles, c'est-à-dire, jusqu'à la fin d'avril.

Un pigeon bien constitué, peut prendre part, pendant dix ans, à ces luttes fatigantes.

Si la fidélité du pigeon excite à juste droit notre admiration, un fait non moins surprenant, non moins inexplicable, c'est la promptitude avec laquelle ce sentiment se développe en lui. Un pigeon né dans le mois de février, n'est guères en état de voler que vers le premier mai. C'est alors que commence son éducation, et ses progrès sont si rapides, que trois mois et demi après, il retrouve de Paris et de Versailles, son colombier natal. — Voici comment les pigeons anversois sont dressés peu à peu aux lointaines excursions. D'abord on les porte, pour leur y donner la volée, dans l'un ou l'autre village situé dans les environs de la ville, à Merxem, par exemple, à Berchem, Hoboken, etc. La seconde épreuve se fait de Malines ou de Lierre ; la troisième de Bruxelles ; la quatrième de Mons. — Après ces essais, qui prouvent que l'élève mérite enfin une entière confiance, on le transporte à Péronne, puis à Paris, à Orléans, à Bordeaux, partout enfin.

Je viens de parler des obstacles que l'état du ciel peut opposer au vol des pigeons ; ces obstacles sont tels, parfois, que les pauvres voyageurs ne réussissent à rentrer au colombier que quinze jours, et même tout un mois, après l'avoir quitté, et c'est bien là une preuve irrécusable du puissant attachement qui les anime pour le toit hospitalier sous lequel ils sont nés, attachement que M. de Buffon a si singulièrement méconnu.

Comme le lecteur a pu s'en convaincre en parcourant ce volume, je n'ai reculé devant aucune peine pour remplir, aussi fidèlement qu'il était en mon pouvoir, la promesse que j'avais faite aux mânes de mon malheureux Tom : je renouvelle encore le vœu que j'ai exprimé déjà : — Puissé-je n'être pas seul à me féliciter d'avoir tenu parole !... Ce que je désire surtout, c'est de voir ceux qui, jusqu'à présent, n'auraient éprouvé que de l'indifférence pour notre charmant oiseau, partager enfin la sympathie affectueuse que lui vouent nos colombophiles. Je me plais à croire que ce désir se réalisera, du moins en grande partie ; car il me paraît impossible de ne pas aimer un oiseau, dont les destinées ont été si honorables, si glorieuses, dans tous les temps et chez tous les peuples.

ADDITIONS ET CORRECTIONS.

—•—

PAGE 26; — *C'est par des colombes que Jupiter fut
nourri dans l'île de Crête.....* On raconte la même
chose de la célèbre Sémiramis. Un grand nombre
de colombes, dit Diodore de Sicile, avaient leurs
nids près de l'endroit où l'enfant fut exposé, et
ce qui est extraordinaire et difficile à croire, ces
oiseaux prirent soin de lui et rechauffèrent de
leurs ailes, son corps délicat. Ils recueillaient dans
leur bec le lait que laissaient tomber les bou-
viers et les bergers du voisinage, et le faisaient
ensuite couler dans la bouche de la pauvre aban-
donnée. Lorsque celle-ci eut atteint l'âge d'un an,

les colombes lui procurèrent une nourriture plus substantielle, en détachant des fromages, de petites parties qu'elles lui apportaient. — *Biblioth. hist.* II. 4.

Page 27 ; — *St.-Jean Chrysostôme....* C'est de St-Ambroise, que l'on raconte ce prodige.

Page 56 ; — *Les Assyriens croyaient que l'âme de Sémiramis s'était envolée au ciel, sous la forme d'une colombe....* « On dit que Sémiramis fut changée en colombe, et qu'elle s'envola avec beaucoup d'autres oiseaux qui étaient entrés dans le palais ; c'est pour cette raison, que les Assyriens mirent cette reine au rang des Dieux, et rendent encore des honneurs divins à la colombe. » — Diod. de Sic. *Biblioth. hist.* II. 20.

« La colombe est le seul oiseau dont les Syriens ne se nourrissent pas : elle est sacrée pour eux, parce que Sémiramis en mourant, fut changée en colombe. » — Lucien, *de deâ Syriâ*, 14.

Page 105 ; — *Un goût effréné de dépense s'empara de la nation entière ;....* La passion du luxe fut portée à un tel point chez les Romains, qu'on n'attachait plus aucun prix aux vases et aux coupes d'or et d'argent ; ceux de cristal et de murrha [1],

---

[1] La *murrha* était une espèce de pierre.

jouissaient seuls d'une grande estime, et cela, parce qu'au mérite d'être faits d'une matière rare, ils joignaient celui *d'être fragiles*. La grande preuve de l'opulence, dit Pline, la véritable gloire dans le luxe, consiste à posséder des choses précieuses qui peuvent être détruites en un instant. — *Hist. Nat.* liv. xxxiii, ch. 2.

PAGE 110 ; — *Flox Van Houthen* ; lisez *Phlox Van Houtte.*

PAGE 159 ; — *On tira vingt-deux fois sur lui.....* L'historien Bor rapporte que les Espagnols tuèrent plusieurs pigeons chargés de messages pour les assiégés, et qu'ils tirèrent le plus grand profit des communications que le prince d'Orange et les autres chefs de l'armée des États, voulaient faire parvenir, par la voie du ciel, à leurs malheureux compatriotes. C'est ainsi qu'ils apprirent que le prince rassemblait partout des hommes pour en former une armée destinée à tomber tout d'un coup sur les assiégeants, dès qu'elle serait prête. Si ce projet avait pu s'exécuter sans que l'ennemi en fût informé, pas de doute qu'il n'eût été couronné de succès ; malheureusement il n'en fut point ainsi ; car aussitôt que don Frédéric, fils du duc d'Albe, en eut connaissance, il écrivit à son père pour le prier de lui envoyer de suite de grands renforts, ce qui fut exécuté sur le champ, et mit Frédéric à même de repousser l'armée qui vint l'attaquer quelque temps après. — *Nederl. oorl. beroerte*, etc. liv. 6.

PAGE 208; — *Colombophile*, qui aime les pigeons : *colombophobe*, qui les a en horreur.

Table des matières.

Ouvrages du même auteur.

—————

Bibliothèque des antiquités belgiques, en collaboration avec M. MARSHALL ; 1 vol. in-8°, Anvers, 1833.

Ferdinand Alvarez de Tolède, drame en trois actes ; Anvers, 1834.

Le même en flamand ; Gand, 1842.

Pensées et Maximes ; 1 vol. in-12 ; Bruxelles, 1836.

Le même en flamand ; Anvers, 1837.

El Maestro del Campo ; 1 vol. in-8° avec 30 planches, composées et dessinées par N. De Keyser ; Anvers, 1839.

Le même en italien, Anvers, 1841 ; et en anglais, New-York, 1842.

Nuées blanches, poésies ; 1 vol. en collaboration avec M. ANTONIN ROQUES ; Anvers, 1839.

Mère et Martyre, drame en deux parties ; Anvers, 1839.

Dympne d'Irlande ; 1 vol. in-12 ; Anvers, 1840.

Esquisse d'une Histoire des Arts en Belgique ; Anvers, 1841. Le premier volume seulement a paru.

Lord Strafford ; 1 vol. in-8° avec douze planches par N. De Keyser ; Anvers, 1843.

Le même en flamand ; Anvers, 1845.

De goede oude tyd in Belgie ; 1 vol., Anvers, 1845.

Quelques réflexions sur le Juif errant ; broch. Anvers, 1844.

Bataille de Nieuport ; broch. Anvers, 1844.

De la destination des pyramides d'Egypte, à propos de l'ouvrage de M. FIALIN DE PERSIGNY, sur le même sujet ; broch. Anvers, 1846.

Notice biographique sur le peintre Wynand Nuyen ; broch. Bruxelles, 1839.

Notice biographique sur Mathieu Van Brée ; broch. Anvers, 1842.